坏情绪
管理的
心理训练法

▼图解版▶

[日]安藤俊介 著

冯 博◎译

中国纺织出版社有限公司

原文书名　「怒り」が消える心のトレーニング
原作者名　安藤俊介
「IKARI」GA KIERU KOKORO NO TRAINING
Copyright © 2018 by Shunsuke Ando
Illustrations by YOSHIMURA DOU
Original Japanese edition published by Discover 21, Inc., Tokyo, Japan
Simplified Chinese edition published by arrangement with Discover 21, Inc.
through Shinwon Agency

本书中文简体版经Discover21株式会社授权，由中国纺织出版社有限公司独家出版发行。本书内容未经出版者书面许可，不得以任何方式或任何手段复制、转载或刊登。

著作权合同登记号：图字：01-2020-2119

图书在版编目（CIP）数据

坏情绪管理的心理训练法：图解版／（日）安藤俊介著；冯博译. --北京：中国纺织出版社有限公司，2023.8

ISBN 978-7-5180-9755-5

Ⅰ.①坏… Ⅱ.①安… ②冯… Ⅲ.①情绪—自我控制—通俗读物　Ⅳ.①B842.6-49

中国版本图书馆CIP数据核字（2022）第141775号

责任编辑：赵晓红　　责任校对：高　涵　　责任印制：储志伟

中国纺织出版社有限公司出版发行
地址：北京市朝阳区百子湾东里A407号楼　邮政编码：100124
销售电话：010—67004422　传真：010—87155801
http://www.c-textilep.com
中国纺织出版社天猫旗舰店
官方微博 http://weibo.com/2119887771
唐山玺诚印务有限公司印刷　各地新华书店经销
2023年8月第1版第1次印刷
开本：880×1230　1/32　印张：6.5
字数：130千字　定价：58.00元

凡购本书，如有缺页、倒页、脱页，由本社图书营销中心调换

前言

在生活中，不要让愤怒冲昏了自己的头脑

"因为一点小事就焦躁不安。"

"很容易破口大骂，事后又会后悔。"

"一言不合就会与人发生口角。"

不知道大家有没有过这样的经历？这些都是与愤怒有关的烦恼。

愤怒是足以摧毁人生的唯一情绪。因为愤怒而无心说出口的话，有可能会断送掉好不容易经营的人际关系、信赖关系甚至职业生涯。

然而，这也绝不是说愤怒这种情绪不好。毕竟愤怒是人类与生俱来的情绪，只要人活着，就必然会拥有这种情绪。

重要的是，不要被愤怒冲昏了头脑，要学会控制自己的愤怒情绪。这就是本书将要为大家介绍的愤怒管理方法。

诚然，正在阅读本书的读者中肯定有人会想"怎么可能有人能够控制愤怒"，或者认为"我生下来就是易怒的性格，肯定是改不了了"。

但在这里我要告诉大家的是，不用担心，只要能够驾驭愤怒管理方法，任何人都能够控制好自己的愤怒。我之所以有

底气说这个话,是因为我在远赴美国学习愤怒管理之前,就是一个十分易怒的人。

愤怒管理,讲究的是从理论上看待"愤怒"这样一种情绪,然后提出实用的应对策略。由于并非一种唯心论,所以这种技术谁都能学会。

控制愤怒的方法有许多,本书主要为大家介绍以下4种技巧。

(1)克制突发怒火的方法。

(2)为了不发怒而要养成的习惯。

(3)培养不无谓生气的心态。

(4)如何高明地传达自己的愤怒。

本书将会通过大量的漫画和图解,有趣而又生动地为大家介绍上述这些技巧。可以这么说,本书是愤怒管理的"最佳版本"。

其实,不管是谁,一定都很讨厌坏情绪左右自己。因此,这将是一本改变你人生轨迹的书。接下来就和我一起学习愤怒管理,大胆迈出不被愤怒左右的第一步吧。

一般社团法人日本愤怒管理协会代表理事　安藤俊介

引子 01

为了让人生可以变成简单模式

学习愤怒管理，让你的人生变得更加快乐！

学习愤怒管理可以让一个人拥有更广阔的胸襟

◉ 学习愤怒管理的目的是什么?

最近,一些可以切换简单模式和困难模式的游戏越来越多了。当然,选择困难模式玩游戏完全没有问题,不过,对于那些不擅长玩游戏的人来说,困难模式的难度极高,容易让玩家感到压力。反而如果选择的是简单模式,则可以让大多数人享受到游戏的乐趣。

愤怒管理是一种可以把人生切换成简单模式的手段。因此,学习愤怒管理的首要目的,是让自己能够更加快乐地生活。

在简单模式的人生里,很容易就能和周围的人交上朋友。而在困难模式的人生里,往往会陷入四面楚歌的境地。

我在学习愤怒管理之前,过的就是一种困难模式的人生。经常会和周围的人们攀比,认为自己比谁都强。毫无疑问那时候的我也没有朋友,总是通过是否有利用价值去判断周围的人。而就在我被那种生活折磨得筋疲力尽的时候,我接触到了愤怒管理。

自从我学习了愤怒管理的知识以后,不仅周围的敌人渐渐消失了，就连被人说坏话的频率都降低了许多。就算偶尔听到有人说我坏话，我也只是一笑而过、毫不在意。敌人剧减的我，自然工作和人际关系也变得顺畅起来。可以这么说，我通过控制自己的愤怒，成功地把人生切换成了简单模式，快乐地生活着。

◉ 为了接受与自己不同的其他人

只要学习了愤怒管理，对他人的容忍度就会变得越来越高，这就是"使人拥有更广阔的胸襟"。

最近，日本许多企业都开始向全球化转型，采用多样性人才（即积极采用社会中的少数群体等多元化人才的战略）。为了让拥有各种各样习惯和价值观的人能够更好地相处与合作，每个人都必须要拥有能够包容他人的素养。如今，已经到了一个开始注重人们胸襟广阔程度的时代了。

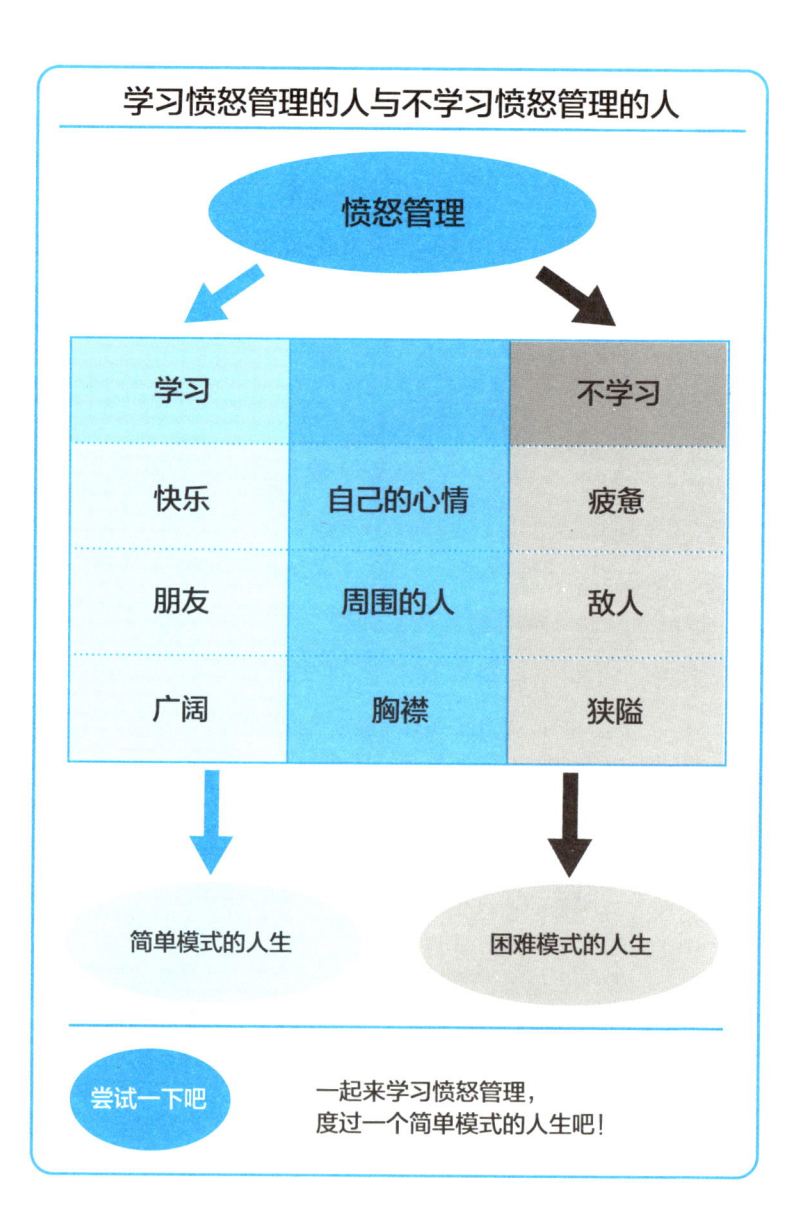

学习愤怒管理的人与不学习愤怒管理的人

愤怒管理

学习		不学习
快乐	自己的心情	疲惫
朋友	周围的人	敌人
广阔	胸襟	狭隘

简单模式的人生　　　　困难模式的人生

尝试一下吧　一起来学习愤怒管理，度过一个简单模式的人生吧！

引子 02

千万不要变成愤怒的奴隶

一旦被愤怒冲昏了头脑,就完全发挥不出自己的实力,最终只能在悔恨中惶惶不可终日……

> 愤怒管理，其实就是"不因愤怒而后悔"

◉ 战胜愤怒之后成为世界最强选手的费德勒

相信只要是对网球有一些了解的人，一定听过罗杰·费德勒的大名。他被称为"世上最强的网球选手"，曾经数次刷新网球界的各种纪录。费德勒不仅网球的技术高超，言谈举止也十分绅士，经常被人夸奖人格十分完美。

其实费德勒并非从一开始就是一位绅士的网球高手。他年轻的时候，在比赛中经常表现得十分焦躁不安。只要一出现失误，就会发脾气、乱踢东西，然后变得更加焦躁，于是就会出现更多的失误，如此恶性循环，导致他直接输掉比赛。

后来，费德勒接受了愤怒管理的心理辅导训练。通过心理辅导训练，他最终获得了世界排名第一的称号。报道这件事的那篇文章中，记载了这样一句话，不仅体现出了控制愤怒情绪的重要性，同时也让我印象非常深刻：

"费德勒从此不再是自己愤怒的奴隶了。"

就连天才选手费德勒，在沦为愤怒的奴隶的那段时期里，都无法发挥出自己真正的实力，可想而知如果我们被愤怒冲昏了头脑，那么，这种状态下的自己怎么可能还会有优异的表现呢？总而言之，愤怒会扼杀自己的天赋。

⊙ 不要因为愤怒而错失良机

日本愤怒管理协会将愤怒管理定义为"不会因为爆发了愤怒的情绪而感到后悔"。

相信不管是谁，肯定都有过因为爆发了怒火而感到后悔的经历吧。有可能是大声的怒骂让对方感到心里不舒服了，又或者是突然涌现的怒火让你条件反射般地说了一些伤害对方的话等。

越是与自己亲近的人，就越容易受到自己怒火的影响。有时候，你暴跳如雷不受控制的举动，甚至会毁掉你与对方的关系，让你们从此形同陌路……

即使与对方只是业务上的往来，如果在交流过程中说了一些带有私人情感的抱怨，或者向上司发脾气等，都只会导致对方丧失对自己的信任。而一旦失去了信任，就很难再挽回了。

为了不让自己后悔、不让自己的天赋被扼杀，我们很有必要掌握能够控制愤怒的技巧。

能控制愤怒的人与不能控制愤怒的人

如果无法进行愤怒管理，就容易被愤怒冲昏头脑，混沌地度过人生。

学习了愤怒管理以后，变得能够很好地控制自己的愤怒。

尝试一下吧　　一起来学习愤怒管理，拒绝做"愤怒的奴隶"！

引子 03

愤怒管理并非不生气

愤怒管理的目的是"控制愤怒"。

> 没有必要对自己感到愤怒这件事抱有任何罪恶感

⊙ 愤怒是人类所必需的情感

你是否曾有过"生气不是一件好事"这样的想法，而一直隐忍自己的怒火呢？

有些人认为，愤怒管理就是不生气，这种想法真是大错特错。而事实上，在日本这种性格的人很多。

你是否也有过感到愤怒时隐忍不发，事后又觉得"当时要是那样说就好了，要是我这样怼回去就好了"的经历呢？又或者是否有过长期以来隐忍的怒火，由于某件小事导致自己大爆发的情况呢？

隐忍的怒火会变成精神重压，扰乱你的身心。因此，这种状态绝不能被称为"很好地控制住了愤怒"。

愤怒是一种与生俱来的情感，只要人活着，就必然会拥有这种情感。因此，不可能做到让其完全消失不见。所以也没有必要对自己感到愤怒这件事抱有任何罪恶感。也正因如此，愤怒管理并不是说要否定愤怒，重要的是"正确面对自己的愤怒，使其处于控制的状态"。

⊙ 善于表达自己的愤怒

隐忍怒火的弊害，不仅会对自己产生精神重压，还有一个坏处就是，在应该生气的时候如果选择隐忍，那么就代表你完全接受了对方的主张。不管遇到什么过分的事情，如果都只是隐忍不发，会让自己处于一种有理说不清的状态。

因此，"善于表达自己的愤怒"与不无谓生气这件事几乎同样重要。不要情绪化地发泄愤怒，而是平静地阐述自身的需求，寻求改善。要做到这一点，必须要把握好自己到底对什么事情感到了愤怒，并且要以一种高明的沟通方法告诉对方你自身的需求是什么。

在这之中，重要的是不要以打败对方为目标。人一旦生气，就一定会做出一些具有攻击性的行为，对方如果感受到了这一点，就只会让对方平白无故地产生排斥心理。而一旦自己被排斥，自己必然会变得更加焦躁不安，于是会变得更加具有攻击性，如此陷入一种恶性循环的状态。因此，想要摆脱愤怒的怪圈，一改眼前的状况，就必须要让自己变得善于表达。

"隐忍怒火的人"自检表

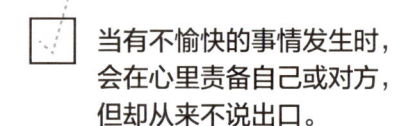

☑ 当有不愉快的事情发生时，
会在心里责备自己或对方，
但却从来不说出口。

☑ 有过曾经因为爆发怒火，
导致与对方关系破裂的经验。

☑ 曾经对人恶语相向，事后又感到后悔。

☑ 有在意的事情却无法对对方说出口，
郁郁寡欢。

☑ 一想到"为什么会因为这种小事而感到烦恼呢"，
就会立马失去自信。

尝试一下吧 只要你符合上述任意一项，
那就和我一起来学习表达自己愤怒的方法吧。

引子 04

愤怒管理是一种能被学会的技术

认为易怒是性格所致而无法改变的这种想法是一种先入为主的偏见。

要想学会愤怒管理，反复练习必不可少

⊙ 无法改变的性格与可以学会的技巧

"让人生气的人和让人生气的事太多了"，这可能就是许多人易怒的原因。

然而，仔细一想就会发现，即使是面对相同的状况，大概也会有"生气的人"和"不生气的人"存在。例如，公交车晚点的时候，有的人十分暴躁不安，而有的人却依旧不温不火。

种种事实表明，愤怒的原因代表了自己对事物的看法和思维方式。因此，愤怒是可以受自身控制的。

即便我如此三番五次地强调这一点，肯定还是有人会觉得易怒是一种与生俱来的性格，怎么也无法改变吧。我想说的是，请一定不要气馁，因为愤怒管理是一种可以学会的"技巧"，是一种如同运动和料理一般，只要日常勤加训练与练习就一定会有所长进。

⊙ 反复练习必不可少

愤怒管理的技巧，并非一朝一夕就可以轻易掌握。所以即使已经开始学习，在短时间内你可能还是会被情感左右、被愤怒冲昏头脑。

接下来请大家一起回想一下自己小时候的场景。不知道大家小时候学骑自行车的时候，是不是和我一样摔过很多次跤呢？但也正因为摔了那么多次跤，所以现在才能在无意识中就骑好自行车了。

同理，想要掌握愤怒管理的技巧，就必须要经历以下 4 个阶段：①学习技巧；②不断积累失败的经验，反复练习；③加深意识持续练习；④即使一边做其他的事情也不会对自己产生影响。

想要掌握技巧，反复练习必不可少。只有经过不断地失败，然后再通过反复地练习，所学会的才叫技巧。

其中有一个小诀窍，就是每天哪怕只是一点点，也要尽量有意识地去做。只要你能静心阅读完这本书，那么，就已经完成了学习愤怒管理的第一阶段，剩下的就是从反复练习的第二阶段朝着第四阶段扬帆起航了。

只要能够像学习骑自行车那样自然地掌握愤怒管理，那就说明你已经完全掌握这个技巧了。

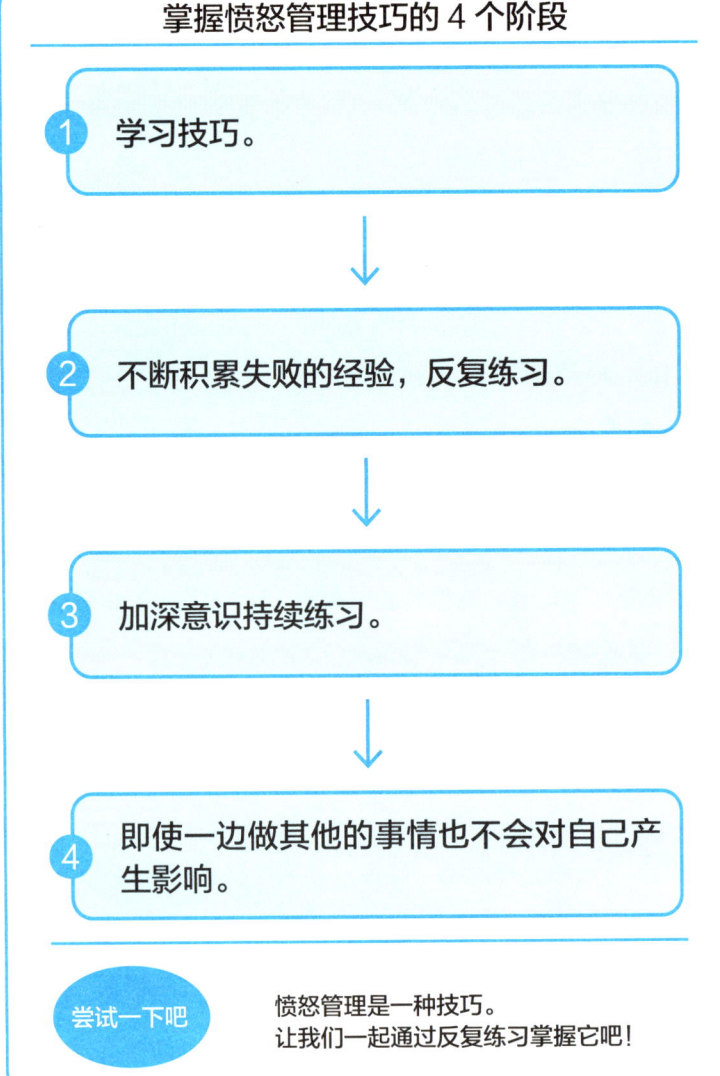

引子 05

愤怒管理如今受到人们重视的原因

人们比以前更加易怒了？一起去学习阻止愤怒爆发的方法吧。

> 与以前相比，现代社会更易滋生愤怒情绪

⊙ 危险驾驶越来越多了

以前，日本媒体报道过许多由于汽车的危险驾驶等行为而导致的各种重大交通事故。有许多人看到这些事故的新闻后都会想到"说不定有一天受害者就是我"。

其实，这种现状与愤怒管理并非毫无关系。归根结底，愤怒管理之所以会在美国发展流行，就是由于驾驶冲突导致枪击事件频发的这个社会背景（详情请参照本书第162页）。

⊙ 愤怒管理受人重视的3个原因

与以前相比，最近社会上易怒的人越来越多了。这与当今社会的各种现状息息相关。

1.社会全体变得越来越繁忙

由于全球化的推广，导致各种竞争愈发激烈；由于日本社会少子高龄化问题日渐严重，导致各行各业人手不足，我们的心

灵被各种繁忙所占据，也因此变得更易滋生暴躁与愤怒。

此外，双收入家庭越来越多，然而工作与育儿无法两全，由此导致家庭负担暴增。在此之上，许多家庭还有老人的看护问题等。

2.人们的忍耐力越来越低下

当今社会科学技术日新月异，各种事情也变得越来越方便。正因如此，人们对不方便或者不愉快的事情的忍耐力也越来越低下。

例如，以前的人给其他人家里打电话，如果家里没人接那就改天再打。然而如今的大部分人都会因为其他人回信息慢了一点就暴躁难安。

3.全球化社会的进化

"价值观的不同"与"习惯的不同"也是滋生愤怒的一大重要原因。

以上这些就是如今愤怒管理越来越受人重视的主要的3个原因。如果这种现状得不到改善，那么，愤怒管理大概会成为人类越来越重要的课题。为了避免由于一时的冲动而导致整个人生被毁这种事情发生，掌握愤怒管理的技巧是十分有必要的。

你有过这种经历吗？

- ☑ 危险驾驶（路怒症）。
- ☑ 对餐厅服务员的粗鲁态度感到愤怒。
- ☑ 得知商品卖完以后抱怨几句。
- ☑ 由于工作和育儿太忙而感到暴躁难耐。
- ☑ 无法容忍其他人回信息太慢。

尝试一下吧 只要你符合上述任意一项，那就和我一起来学习控制自己愤怒的方法吧。

目录

第1章
驾驭突发怒火的7个对症疗法 _ 001

- 01 怒火狂潮其实只有6秒钟 _ 005
- 02 时刻铭记"此时、此地" _ 009
- 03 实况直播自己的动作 _ 013
- 04 判断当前愤怒的等级 _ 017
- 05 不妨穿插一个暂停来改变事情的发展走向 _ 021
- 06 自我鼓励与应对 _ 025
- 07 在脑海中想象"一张白纸" _ 029

一点小建议1
如果愤怒的场景反复出现在自己的脑海中 _ 033
驾驭突发怒火的7个对症疗法　总结 _ 034

第2章
塑造不生气的自己的9大习惯 _ 035

- 01 用适量的运动去释放压力 _ 039
- 02 注意使用亲切的话语并时刻保持微笑 _ 043
- 03 尽量与那些牢骚不断的人保持距离 _ 047

- 04 掌握更多词汇量去正确表达自己的愤怒 _ 051
- 05 通过书写"愤怒日志"去了解自己的暴躁倾向 _ 055
- 06 通过书写"应该日志"再度审视自己的核心价值观 _ 059
- 07 通过书写"快乐日志"发现自己的幸福 _ 063
- 08 通过三阶段技巧去拓展愤怒的界限 _ 067
- 09 分清"事实"与"臆想" _ 071

一点小建议2

愤怒日志的书写方法 _ 075

塑造不生气的自己的9大习惯　总结 _ 076

第3章
成为不无谓生气的人所必备的10个心态 _ 077

- 01 试着面对愤怒背后隐藏的"其他负面情绪" _ 081
- 02 与其当一个完美主义者不如努力达成眼前的目标 _ 085
- 03 勇敢接受生气的自己 _ 089
- 04 用正能量填满自己的心灵 _ 093
- 05 不要对无法改变的事情感到愤怒 _ 097
- 06 不要去管其他人对自己的评价 _ 101
- 07 化愤怒为力量 _ 105
- 08 不要期待他人的回报 _ 109
- 09 分清权利、欲求、义务 _ 113
- 10 审视自我准则,矫正扭曲的核心价值观 _ 117

一点小建议3

　　愤怒是人类所必备的情感 _ 121

　　成为不无谓生气的人所必备的10个心态　总结 _ 122

第4章
高明的生气方法的7大准则 _ 123

- 01　明确表达自己的需求 _ 127
- 02　表达时以"我"为主语 _ 131
- 03　感到愤怒时要当场表达出来 _ 135
- 04　准确表达从放弃使用程度副词开始 _ 139
- 05　比起原因不如听一听未来的对策 _ 143
- 06　缓慢且轻声讲话 _ 147
- 07　将准则贯彻到底 _ 151

一点小建议4

　　恋人约会迟到时高明的生气方法 _ 155

　　高明的生气方法的7大准则　总结 _ 156

附录
实际生活中经常能够用得上的愤怒管理技巧 _ 157

- 实践0　愤怒管理如果不付诸实践,那将没有任何意义 _ 158
- 实践1　选择不在公共场合引起纠纷的选项 _ 160
- 实践2　不要成为路怒的加害者或被害者 _ 162
- 实践3　与网络社交保持适当距离,甚至不妨戒掉 _ 165

实践4　不要成为职权暴力的施加方或被施加方 _ 167
实践5　对于难缠的投诉者应当明确划分界限 _ 169
实践6　努力学习并理解什么是健全的伙伴关系 _ 171
实践7　把"自己的人生"和"孩子的人生"分割开来 _ 173

后记
"调整好心态"机会自会到来 _ 175

第1章

驾驭突发怒火的7个对症疗法

"愤怒"其实与过敏没什么两样!

进行体质改善之前先要对症下药

经常被人们提到的过敏原，除了花粉外，还有鸡蛋、牛奶和水果等。并且，过敏反应因人而异，也有完全不会产生过敏反应的人。

愤怒与过敏有着相似的性质。对于某件相同的事情，有些人碰上了会觉得特别愤怒，而有些人则完全不放在心上。

面对这些问题时的处理方法也同样如此。有一种说法是，想要缓解过敏症状就必须要改善体质。可问题是，改善体质不仅需要时间，而且改善后也不一定就有效果。因此，在改善体质之前，应当优先采取一些可以立竿见影的对症疗法。

在愤怒管理中，对症疗法和改善体质相当于下述概念。

（1）对症疗法——抑制自己内心突发的无名怒火。

（2）改善体质——掌握不胡乱发脾气的思维方式。

所以，在第1章笔者将会为大家介绍驾驭"此时""此地"突发怒火的7个对症疗法。大家不妨试试这些对症疗法，从今天开始就着手解决自己"突发怒火时容易大喊大叫""感到生气的时候立刻把情绪摆到脸上"等烦恼吧。

驾驭"此时""此地"突发怒火的 7 个对症疗法

运用"6秒规则"来对付自己的怒火狂潮
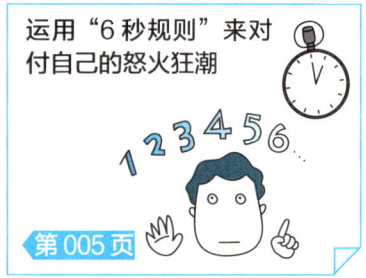
第 005 页

通过想其他不相干的事情来"缓解"怒火

第 009 页

实况直播自己的动作让自己冷静下来

第 013 页

客观地用"10 个级别"来判断当前愤怒的等级

第 017 页

不妨穿插一个暂停来让自己喘口气

第 021 页

"和自己对话",转换一下当前的大脑思维

第 025 页

在脑海中想象一张白纸,给大脑"放个假"

第 029 页

01 怒火狂潮其实只有6秒钟

提问：请问有没有什么办法可以克制住自己的突发怒火？

> 慢慢从"1,2,3,…"数6秒,怒火就会逐渐消散

⊙ 一流选手犯的致命错误

不管是谁,或多或少都会碰上让自己烦躁不安的事情。

不用说,肯定也有人曾对谈话对方的态度或者用语感到生气。又或者是当某人撞到你以后,一句道歉都不说就匆匆离去时,你定然也会因此怒火难遏。

在这里,笔者为大家举一个时间稍微有些久远的典型的反面例子:2006年在德国世界杯决赛上上演的齐达内用头顶人事件。据说这起事件爆发的原因,是该名对战选手出言挑衅齐达内在先。

但无论原因为何,齐达内在面对对方的挑衅时,选择当场爆发自己的怒火,当即就被裁判红牌罚下。这起事件最终导致的是一个无法挽回的结局:齐达内无法在自己的退役之战、世界杯的赛场上战斗至比赛结束,率领的球队也最终饮恨败北。

⊙ 训练自己戒掉条件反射的言行

在自己怒火难安的时候,让事情变得更糟的,往往就是一些像"喂!我说你这个人怎么……"这样条件反射的生气表现。

还有一个典型的例子就是不管别人说什么都下意识地怼回去的行为。像这种条件反射的言行容易让双方的矛盾升级,甚至说出一些更加伤人的话语。其结果就是,将事态升级至不可挽回的状态,最终带来一些恶劣的后果。

简而言之,当你感到怒火难安的时候,最重要的事情就是"不要去用一些条件反射的言行进行回应"。当怒火狂潮袭来之时,请暂时等待6秒钟。在心里默数6秒钟是一个十分有效的方法。

至于为什么是6秒钟,那是因为人们常说愤怒情绪的巅峰,最长只会持续6秒钟。在你默数"1,2,3,…"的这段短暂时间内,你的理智就会控制住大脑,同时也会让你避免产生类似"想都没想就说出口了""突然被愤怒冲昏了头于是就动手了"这种条件反射的言行,最终导致失败。

除了在心里默数外,深呼吸、清空思绪、停止思考等也是一些不错的方法。

6秒钟让自己的情绪安定下来

缓慢地默数6个数

深呼吸

停止思考

想自己喜欢唱的歌

尝试一下吧

愤怒的巅峰最长只有6秒钟。只要6秒钟之内什么都不做就好了!

对症疗法

02

时刻铭记"此时、此地"

由于突然想起某件事而感到愤怒时,要怎样才能忘却呢?

> 只要一直盯着眼前的东西看，就能把自己从愤怒的情绪中转移出来

⊙ 通过接地气来转移愤怒情绪

我们的意识可以穿越时间和空间，随意延伸至任意的地方。这也就是为什么，有时候我们会因为一些突然想起的事情而感到愤怒。相反，只要把自己的意识集中到与愤怒毫不相干的地方，就可以把自己从愤怒的情绪中转移出来。

我们可以称这个方法为"接地气"。接地气（grounding）这个词的词根是地面（ground），在地面的后面加上"ing"，就代表有意识地让自己去接触地面。简而言之，就是让自己只考虑"此时、此地"的事情。

最有效的方法就是冥想。不过，并不是谁都可以立即开始冥想的。想要学会这个技能，必须要经过一段时间的锻炼才行。因此，笔者最推荐大家使用的方法就是"一直盯着眼前的东西看"。

例如，假设你的面前现在摆着一盆花，那么，你就可以像这样："花瓣有8片""这盆花的颜色是一种接近橘色的黄

色"集中意识去观察它。

观察对象选择什么都行,如你现在手上拿着的笔、墙壁上挂着的画、放在桌上的茶……观察的内容可以是数量、颜色、材质、温度、造型、触感、有没有伤痕等,即使是司空见惯的东西,只要你仔细观察,也能发现许多新奇之处。

接地气,说的就是这种利用眼前的东西,去转移自己的意识的方法。

⊙ 把意识集中于"现在"而不是将来或者过去

当你开车被堵在路上的时候,如果一直想着"到底什么时候车子才能动啊",或者想起某个时候被某人说的某句话时,觉得"我当时要是这样还嘴就好了"等,那么内心的烦躁感将会越发膨胀。

如果你不去想将来,也不去想过去的事情,而是把思绪放在现在,那么就可以防止自己的烦躁逐渐膨胀。另外,比起一直刷手机,我更推荐大家去观察眼前可以看到的一些无机物体,以此来转移自己的意识。

接地气的例子

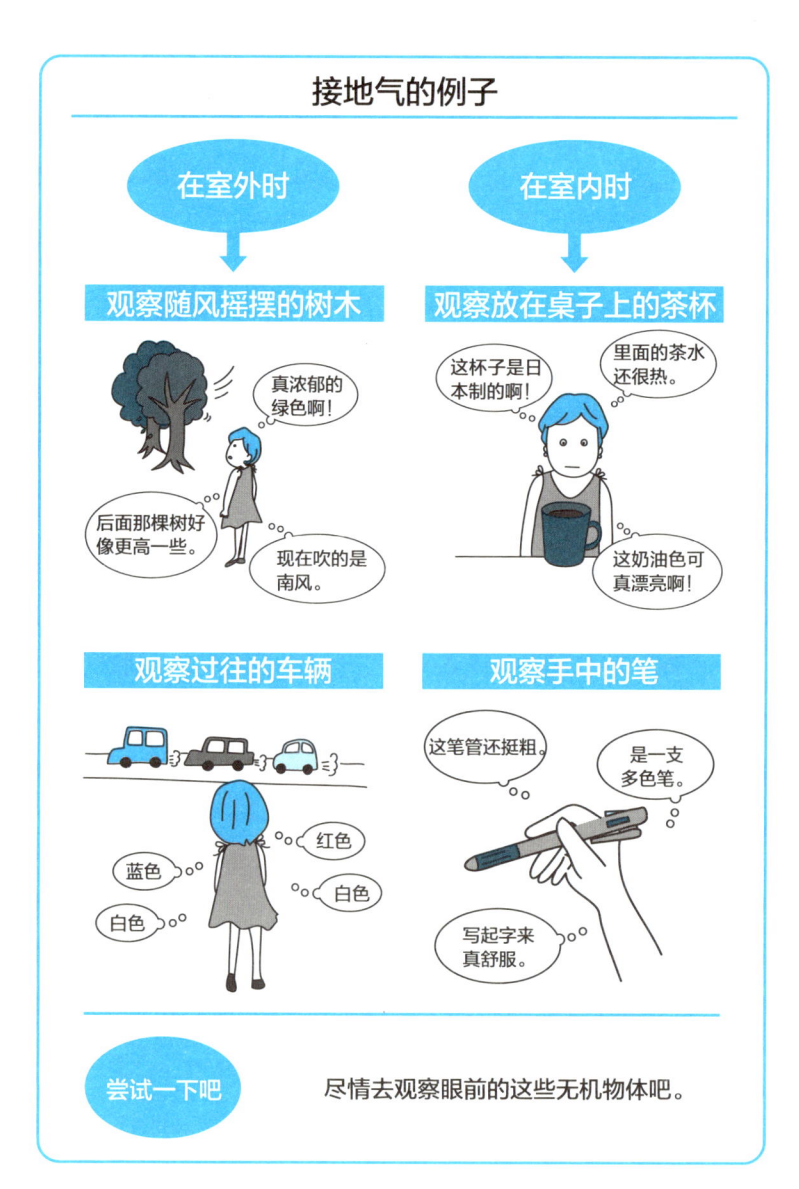

在室外时

观察随风摇摆的树木

- 真浓郁的绿色啊！
- 后面那棵树好像更高一些。
- 现在吹的是南风。

观察过往的车辆

- 蓝色
- 红色
- 白色
- 白色

在室内时

观察放在桌子上的茶杯

- 这杯子是日本制的啊！
- 里面的茶水还很热。
- 这奶油色可真漂亮啊！

观察手中的笔

- 这笔管还挺粗。
- 是一支多色笔。
- 写起字来真舒服。

尝试一下吧　尽情去观察眼前的这些无机物体吧。

对症疗法

03

实况直播自己的动作

提问　有没有可以让自己变得冷静、客观的方法呢?

> 在脑海中实况直播自己的动作是一个让自己迅速冷静下来的好办法

◉ 请试试实况直播6秒钟

不去想将来或过去的事情,而把注意力集中在现在的事情上,能够有效地控制自己的怒火。在前面的小节已经为大家介绍了其中一种方法——接地气(请参照第010页)。

在这一小节里,将为大家介绍另一种方法来帮助大家把自己的思想集中于现在,这种方法就是"实况直播自己的行动"。

假设你在打高尔夫球的时候击球失误了,如果你一直去想刚才的那个失误,那么可能会导致你下一次击球同样失误。

因此,此时你应该做的事情,并不是考虑刚才为什么失误了,而是在向下一个场地移动的这段时间内,可以试着在内心实况直播一下脚底感受到的来自草地的触感。

可以像"今天的地面好像比平时更加柔软""我左边的脚趾头被挤得有点儿不舒服"这样,将精力集中在实况直播自己当前的状况上面。因为愤怒的巅峰最长只会持续6秒钟（请参照第006页），通过这种方法，可以让自己克服并跨越愤怒的巅峰，让自己在移动至下一个场地之前恢复冷静。

可以等到自己恢复冷静之后，再来想刚才的失误并思考改善的方法，这样下一杆就很有可能打出好球了。

毫无疑问，这种方法在日常生活中也是十分有效的。只需要实况直播一些纯粹的动作即可。例如，当你想要修改资料而伸手去拿橡皮擦时，你就可以像"现在要伸手去拿橡皮擦了"这样直播自己的动作，在呼吸之间恢复冷静的心情。

◉ 对自己实况直播

通过对自己进行实况直播，可以更加客观地观察自己当前所处的立场。据说，原职业网球选手松冈修造先生，也曾在网球比赛中默默地对自己的动作进行过实况直播。

"如果继续这样暴躁不安的话，那么这场比赛肯定就输了"，他通过这样的话语，对自己当前的状况进行解说，以此来让自己恢复冷静。

即使你认为当前碰到的问题十分严峻、烦琐，但只要你能够恢复冷静的头脑，就一定可以想出很多解决办法。因此，不管是暴躁不安的时候，还是心急如焚的时候，不妨试一试这个办法，给自己当前的状况来一个实况直播。

集中精神于当下

打高尔夫时

哎呀~~

打高尔夫时击球失误了……

今天的地面好像比平时更加柔软。

感觉好像左脚承受了更多的体重。

利用移动的时间把精神集中在脚底的触感上

在公司感到生气时

感觉好像要想起过往种种让人生气的场景时……

我现在要伸手去拿橡皮擦了!

对自己所有的动作进行一场实况直播

尝试一下吧 在脑海中给自己的动作来一场实况直播吧!

对症疗法

04 判断当前愤怒的等级

> 提问：愤怒是否也和提问一样可以被测量呢?

> 可以把愤怒的等级量化成为 10 个等级

⊙ 不掌握基准就无法进行判断

在日常生活中,当自己的体温或者血压过高时,我们通常会通过服药来进行缓解,也会根据当天的气温来判断要穿什么衣服,还会通过商品的价格去判断其价值。在日常工作中,则会经常以当月的来客数和销售额为基础,去对次月的销售手段采取相应的对策。

换句话说,对于某种尺度来说,我们通常是以某种数值为基础去采取相应的措施。并且,我们的周围其实存在着许多意想不到的各种基准。

凡事只要有基准,就可以像"这个数字可不太妙""这个应该没关系"这样,去对当前的程度进行测量,并且像"对于这个数字,我们应该这么做"这样采取相应的对策。

大家平时会理所当然地使用这种方法去把握自己的身体状况,然而,却很少有人会用这种方法去控制自己的愤怒情绪。

原因大概是因为人们都认为"愤怒是没有基准的"。因为不知道自己的愤怒程度,所以无法进行判断。

了解愤怒的等级

当你感到暴躁不安的时候，不妨试着把自己的愤怒数值划分一下。记录下当前愤怒处于10个等级中的哪一个。（下一页记载了关于愤怒10个等级的基准，你可以通过自己的感觉去判断）

让我们来练习一下：判断一下以往感到愤怒的事情分别处于什么等级。如此一来，你应该可以发现，即使是像"感到暴躁不安""让人火大"这种类似的词语形容的那些以往让你感到愤怒的瞬间，它们之间其实也有着意想不到的差异。

测量愤怒等级的好处，主要有以下几个：

（1）能够客观地看待愤怒，让自己保持冷静。

（2）能够根据不同的愤怒级别，采取相应的对策。

（3）能够让人意识到自己平时意识不到的愤怒或者压抑着的情感。

（4）能够让人知道自己愤怒的倾向（明白什么东西对自己重要）。

此外，不仅是在自己的脑海中给愤怒区分等级，我还推荐大家把这些分享在网络。

愤怒的基准

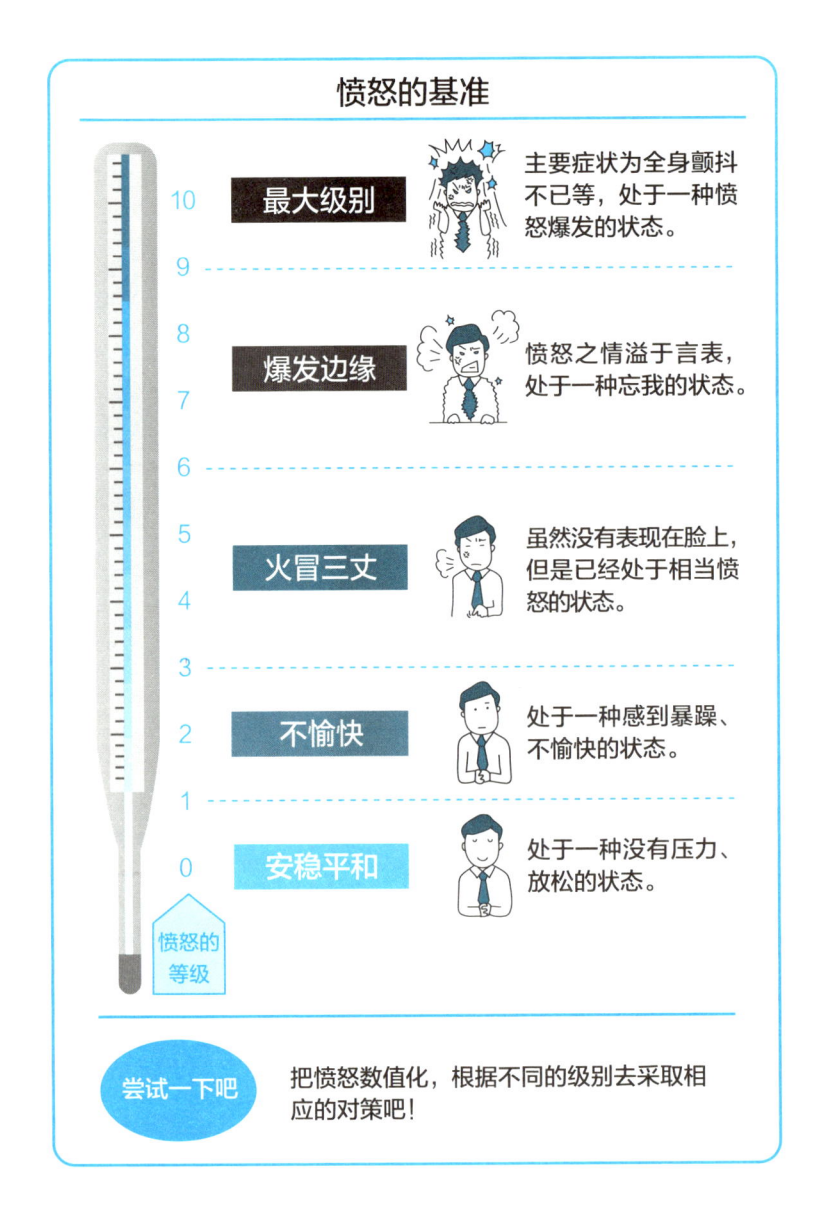

等级	状态	描述
10	最大级别	主要症状为全身颤抖不已等，处于一种愤怒爆发的状态。
9		
8 / 7	爆发边缘	愤怒之情溢于言表，处于一种忘我的状态。
6		
5 / 4	火冒三丈	虽然没有表现在脸上，但是已经处于相当愤怒的状态。
3		
2	不愉快	处于一种感到暴躁、不愉快的状态。
1		
0	安稳平和	处于一种没有压力、放松的状态。

愤怒的等级

尝试一下吧　把愤怒数值化，根据不同的级别去采取相应的对策吧！

对症疗法

05

不妨穿插一个暂停来改变事情的发展走向

提问 暂停到底重不重要呢?

暂时离场让自己情绪稳定下来

◉ 最好能够远离麻烦

20世纪70年代末到80年代初，路怒症（road rage）一度成为美国的社会问题。

"road"的意思是公路、道路，"rage"的意思是激怒、暴怒。因此，在开（骑）车过程中，由于愤怒而采取一些暴力的行动，这种行为统称为"road rage"（路怒症）。

对付路怒症最有效的方法就是"run（逃离）"。这里的"run"指的不是跑步，而是逃离。即使是现在，美国的愤怒管理课程中，第一步要求学员们学的依然是run（逃离）战略。与其在现场被卷入麻烦中，倒不如为了回避危机而事先逃离。

可能有些人会认为逃跑是一种胆小的表现，但笔者要说的是：撤退战略是一种十分有效的控制愤怒的手段。所谓"君子不立危墙之下"说的就是这个道理。

大家在看体育比赛的时候，应该经常会看到这种情况：当选手持续发挥失常时，教练或者选手请求暂停的场景。即使只有十分短暂的时间，能够说的话也十分有限，然而这却能够成为改变场上战局的重要因素。这就是一个暂停能够起到的效果。

⊙ "暂停"可以帮你建立一个良好的人际关系

当你在有别人在场的场合感到愤怒时，不妨像下面这样：

"抱歉，这个话题好像有些聊得过火了，先冷静一下吧。"

"对不起，这个话题请先暂停一下。"

有话直说，然后起身暂时离开当前的场所。当然，一定要告诉对方你回来的时间，不要让对方对你感到不信任。在这种情况下，以自己原因为由离开当前座位的这种姿态是十分重要的。

如果碰上夫妻之间，或者公司内部意见发生对立的情况，我推荐大家不妨像体育比赛那样，制订一个可以中途暂停的规则。

毫无疑问，谈判和争论并不是以胜负来衡量的，而是应该在保持良好的人际关系的同时，磨合彼此的意见。

用暂停调整自己的心态

因为被上司训斥而感到生气

✗ 陷入愤怒状态

你这个混蛋！！
你到底在干什么啊！
你真是没用！
生气

○ 从愤怒的情绪中转移出来

1, 2, 3
优哉游哉

放大愤怒的行为不可取

做一些让自己的心态平和、放松的事情吧

尝试一下吧 感觉自己快要被怒火吞噬时，叫一个暂停让自己冷静下来。

对症疗法

06 自我鼓励与应对

第一格：
你现在有时间吗？
嗯？

第二格：
满满当当
这些文件今天必须要处理完，只好拜托你今天加班了！
这下子今天的工作就全部做完了。
好的

第三格：
内心的声音
哈？你不能早点说啊，现在都这个点了！
哗啦

第四格：
啊
我不能这样，不能这样！
我可是……
没错！

第五格：
脑洞大开
喔喔喔喔喔喔
我可是春之国的女王大人。
让我给所有人带去春天的微笑吧。
我就是阿尔迪斯！

第六格：
拜托了
放心交给我吧！
她可真好，每次都笑脸相迎。
妄想的胜利

提问：是不是可以通过妄想来阻止愤怒呢？

和自己对话可以控制自己的情绪

⊙ 念一念让自己恢复冷静的咒语

当大家遇到让人生气的场景时，我推荐大家使用coping mantra（应对咒语）（以下省略为coping（应对））。

coping的意思是应对、突破，mantra的意思是咒语、真言。在口中小声念叨，或者在脑海中回想一些能让自己冷静下来的话语，可以有效地防止愤怒情绪放大。不管是什么话语都可以，例如：

"没关系，没关系""总会过去的""这没什么要紧的""不要在意""冷静下来"。

这些话语不需要很夸张，只要你感觉平时别人对你说这些话时，自己可以恢复冷静即可。甚至可以是自己的爱人、孩子或者宠物的名字。虽说如此，如果选一些完全不相干的话语也可能会导致咒语无效。因此，大家不妨从现在开始就想一些自己喜欢的话语，打造自己的专属咒语。

◉ 通过自我鼓励来让自己情绪高涨

在众多劝解自己的话语当中,笔者还推荐大家可以使用一种positive self-talk(积极自我鼓励)的方法。(以下简称自我鼓励)

相对于coping(应对)这种能够让自己冷静下来的话语来说,self-talk(自我鼓励)是一种鼓励自己的话语。很多时候,能让自己情绪高涨、为自己加持勇气的话语也是不可或缺的。

美国著名高尔夫球手泰格·伍兹,曾在与对手的决胜赛上,默默为对手祈祷,希望他能"进球"。原因就是,他坚信:"就算你这球能进,但是我肯定比你的技术更好,我一定可以战胜你。"据说泰格·伍兹也会因此而感到情绪高涨。不得不说,这种激励自己的方法,或许只适用于那些站在世界舞台上一决胜负的精英们。

自我鼓励,需要使用有力量的话语。可以是尊敬的人曾经对你说的话,可以是伟人的名言,可以是电影或小说里让你感动的台词,甚至可以是你自己想出来的话语。大家不妨去找一找这种类型的话语,尽情对自己释放吧。

至于到底是使用coping(应对)还是self-talk(自我鼓励),可以根据当时的状况和自己的精神状态去进行选择。原来,自己和自己对话,也能让自己的大脑焕然一新。

通过和自己对话来控制自己的情绪

暴躁不安的时候 ⬇ 情绪稳定下来

- 没关系,没关系。
- 不要紧,不要紧。
- 总会有办法的~
- 想一想我亲爱的可可酱。

通过和自己对话来让自己的情绪稳定下来

遇上困难的时候 ⬇ 去激励自己

- 以前那么多困难都熬过来了,这次也一定能够克服!
- 据说人只有在成长的时候才会感觉到很累。
- 现在经历的这些事情以后都会变成自己宝贵的经验。

通过和自己对话来鼓励自己

尝试一下吧

感觉自己快要怒火爆发的时候,请迅速切换成自己与自己对话的模式。

对症疗法

07 在脑海中想象"一张白纸"

> 他居然无视公司的操作手册,自己瞎干活。
>
> 我跟你说今天在公司,新来的那个员工啊,
>
> 那可真是够呛的。
>
> 我会随时听你发牢骚的。
>
> 哎呀,我现在想想还是好生气啊!
>
> 你这样晚上会失眠的,睡觉的时候最好什么事都别想哦。
>
> 晚安。
>
> 啊,对不起。
>
> 砰
>
> 我要是能做到的话我现在还会这么烦吗!
>
> 我又不是什么得道高僧。
>
> 你别拿我出气啊!你发的牢骚我都好好听你讲了啊!
>
> 要是有个橡皮擦能把我的记忆给消除就好了……
>
> 我就是太生气了,控制不住自己
>
> 我可不陪你了。

提问 如果自己陷入了愤怒的回忆中应该怎么做?

借助想象的力量，阻止自己陷入愤怒的暴走之中

● 刨根问底地思考，容易导致愤怒爆发

基本上，所有的人每时每刻都会在想一些事情。而如果在感到愤怒的时候，一直在脑子里想那些让自己感到愤怒的导火索，那不要说冷静地思考对策了，甚至都有可能抑制不住当前的愤怒，导致愤怒继续升级。如果不能及时地从这种状态中挣脱出来，可能会让自己逐渐处于一种爆发边缘的状态。

对于愤怒升级的这种状态，比起切换思维来说，stop thinking（停止思考）的方法会更加有效。换句话说，就是让大脑变成一片空白，不去思考任何事情。

话虽如此，"什么都不想"这件事却并不简单。不信你可以试一试，请现在立刻让自己的大脑变得一片空白。是不是发现出乎意料的难？因为人类是一种具有自主思考能力的生物，所以停止思考这件事是需要锻炼的。

⊙ 借助想象的力量

想要做到停止思考，笔者推荐给大家的方法是：在脑海中想象"一张白纸"。当然，可能对一部分人来说，白色的窗帘或者显示屏会更加容易想象。基本上整体的颜色以白色为主色调，不过黑色、绿色或者奶油色也没什么问题。因此，像巨大的银幕、黑板或者一片海滩也是很好的选择。

无论是什么物体，重要的是要想象"全体一色的，具体的东西"。

当你的大脑被某种具体的东西装满的时候，就可以达成让你从愤怒的情绪中脱身而出的效果——这就是想象的力量。

从借助想象力这个角度上来讲，让自己去想象一个垃圾桶也不失为一个好办法。

可以把那些让自己愤怒的事、让自己发火的话语等，在心里用力揉成一个团，然后一起扔进垃圾桶——就和把废纸揉成一团扔进垃圾桶一样。

把那些让自己愤怒的事情，一个一个扔进垃圾桶，会出乎预料地让自己感到心情放松。

因此，当你感到愤怒的时候，与其一直对其刨根问底，到不如借助想象的力量，让自己放下愤怒，还自己一片清净。

让自己停止思考的方法

想象在脑海中摊开"一张白纸"

在脑海中想象摊开"一张白纸",可以让你停止思考让自己如此愤怒的原因

把愤怒扔进脑海中的垃圾桶

把那些让自己愤怒的事、让自己发火的话语等,在心里用力揉成一个团,然后一起扔进垃圾桶。扔完以后盖上盖子就好了

尝试一下吧 利用具体的想象去消除自己的焦躁。

一点小建议 1

如果愤怒的场景反复出现在自己的脑海中

随身携带一些平时让自己感觉"心情很好"的便签

▼

当感到暴躁不安时可以看一眼便签，让自己想起那些让自己感觉"心情很好"的事情！

例如

运动

吃最爱的食物

回想"让自己心情很好的事情"，可以有效地驱除坏情绪。为了达成这个目的，大家可以记录一些让自己感觉很舒服的事情，如好闻的香味或者很好的触感等。

第1章

驾驭突发怒火的7个对症疗法　总结

- [ ] 深呼吸　　　　　　　　　　　　　第 007 页

- [ ] 观察眼前的事物　　　　　　　　　第 010 页

- [ ] 实况直播自己的动作　　　　　　　第 014 页

- [ ] 将愤怒的等级量化　　　　　　　　第 018 页

- [ ] 暂时离场让自己恢复冷静　　　　　第 022 页

- [ ] 使用积极的语言鼓励自己　　　　　第 027 页

- [ ] 把愤怒的情绪扔进脑海中的垃圾桶　第 030 页

第2章

塑造不生气的自己的9大习惯

改变他人之前先改变自己

不要把自己暴躁的原因归结于他人

大家一般碰到这种总是以"我年轻的时候就算加班加到很晚，也要保证自己的工作质量"之类的话，喜欢把"当年之勇"挂在嘴边的上司时，肯定会愤怒不已吧。

还有说着像"现在的年轻妈妈哟，真是……"这样的话，来将如今的育儿方法与自己当年做比较的婆婆们，是不是也会让你感到烦躁不已呢？每当这种时候，我们都会在内心祈祷"要是世上没有这个人，那一切都会变好……"然而，事实是否如此呢？

就职场而言，即使你由于和上司性格不合，一气之下愤然离职，再就职后的公司也可能会有经常让你感到愤怒的人；就育儿而言，即使没有人在你旁边念叨这念叨那，你也有可能会因为"天气不好""好冷"等理由而感到愤怒不已。

愤怒管理学，首先是以"改变自己"为目标。并非按照自己的想法去改变周围的人，而是要去主动改变自己。如此改变的结果，当你意识到的时候，会发现自己已经在朝着良好的状态高歌猛进了。一定要记住：不要试图去改变他人，不要试图去纠正这个世界；一切，从改变自己开始做起。

这种方法并不等同于逃避与他人的争执，而是一种消除自身愤怒的自我管理方法。并且，只需要养成一些小小的习惯就可以掌握这种方法。

让自己改变的 9 大习惯

用适量的运动去释放压力
第 039 页

注意使用亲切的话语并时刻保持微笑
第 043 页

尽量与那些牢骚不断的人保持距离
第 047 页

掌握更多词汇量去正确表达自己的愤怒
第 051 页

通过书写"愤怒日志"去了解自己的暴躁倾向
第 055 页

通过书写"应该日志"再度审视自己的核心价值观
第 059 页

通过书写"快乐日志"发现自己的幸福
第 063 页

通过三阶段技巧去拓展愤怒的界限
第 067 页

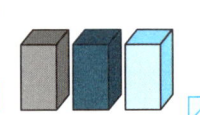

分清"事实"与"臆想",切勿放大愤怒
第 071 页

9大习惯

01 用适量的运动去释放压力

提问　发牢骚能够缓解压力吗?

> 借酒浇愁或者发牢骚，会放大愤怒

◉ 不要让不好的记忆停留在脑海中

请问你平时都是用什么方法来缓解压力的呢？相信有不少人都是通过对家人朋友发牢骚的这个方法吧。当然，除此之外，借酒浇愁、暴饮暴食，或者把气撒在东西身上的人应该也不少。

从愤怒管理的角度来看，上述这些缓解压力的方法全都不可取。这些方法不仅不能让你缓解自己的压力、忘却自己的愤怒，反而容易弄巧成拙，让愤怒的情绪长久停留在你的心里。

现在，请你试着回忆一下自己在学生时代是如何背英语单词的。相信绝大部分人都是通过在纸上无数次写同一个单词来加深记忆的吧，甚至也有不少人会一边念出声音一边在纸上无数遍地书写。

这种方法是一种很寻常的记忆方法。为了让大脑记住某件事（某个单词），需要尽可能地利用自己的五感，一次又一次地进行重复。其实发牢骚也同样如此：每当你从嘴里说出那些牢骚的时候，都会感觉到愤怒，最终会导致这些情绪长久地停留在你的记忆中。

牢骚很有可能会歪曲事实。就在你无数次地发同样一遍牢骚时,你可能会在无意识间就为对方的行为加上了一些恶意的说明,最终只会让自己越发愤怒。

⊙ 寻找适合自己的缓解压力的方法

在这里,笔者推荐的缓解压力的方法是进行一些适量的运动。比起像跑马拉松或者复杂的肌肉训练等对自己身体负担巨大的运动,笔者比较推荐做一些能够持续较长时间的轻度运动。

例如,慢跑、骑自行车、游泳、伸展运动等都是不错的选择。这些运动都能让大脑分泌血清素等物质,从而达到放松身心的效果。除此以外,唱歌、看电影、打扫房间等也是十分不错的缓解压力的方法。

此处需要注意的是,一定要避免使用一些容易产生依赖性的方法。例如,上网、玩游戏和看电视等行为,都会让自己产生一定程度的依赖性,结果反而会让自己越发疲惫。

另外,过度缓解压力也会产生一些不良影响。例如,晚餐适当饮酒助兴是很不错,但如果每天都长时间饮酒、借酒浇愁,长此以往,受到的压力越大,每日饮酒的量也越大。如果因为缓解压力而最终导致自己的健康出现问题,那可就有些本末倒置了。因此,希望大家可以从之前介绍的那些健康的缓解压力的方法列表中,选择适合自己的方法,养成属于自己的转换心情的方法。

巧妙地释放自己的压力吧

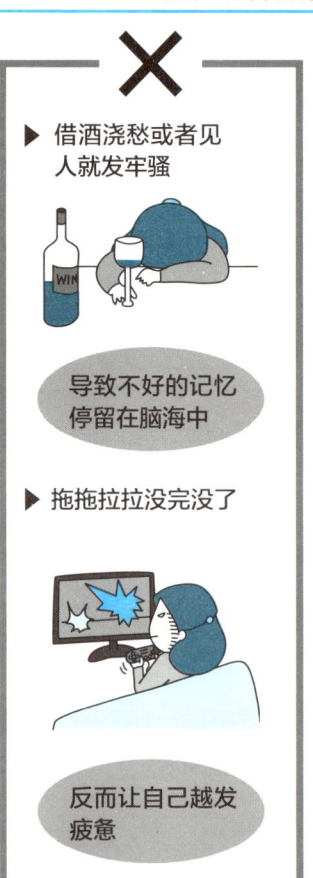

✗

▶ 借酒浇愁或者见人就发牢骚

导致不好的记忆停留在脑海中

▶ 拖拖拉拉没完没了

反而让自己越发疲惫

○

▶ 进行一些轻度的运动

有放松身心的效果

▶ 决定好释放的时间,选择自己的兴趣爱好

入场时间 15:00
退场时间 16:30

可以巧妙地转换心情

尝试一下吧 使用健康的缓解压力的方法转换自己的心情吧!

9大习惯
02
注意使用亲切的话语并时刻保持微笑

提问 — 为什么假装生气会导致这种结果？

假装生气会导致自己真的生气

⊙ 心灵和身体是相连的

在心理学中,有一种理论叫作"面部反馈"假设。简单来说就是"人并不是因为悲伤而哭泣",而是因为脸上先做了哭泣的表情,最终才导致人陷入悲伤的情绪中。

最能体现这个理论的是一句俗语,"笑门来福"——"因为爱笑所以经常会感到很幸福"。据说,当你笑容满面的时候,会让你的大脑发出"你现在很开心"的信号。经常也有人说,身体和心灵是相连的,说的就是这个道理。

对于愤怒的状态,面部反馈假设也同样适用。就算你一开始只是"假装生气",但只要摆出生气的姿态,就会导致自己真的暴躁不安。最典型的例子就是,一些人在假装生气的过程中,愤怒逐渐升级,最后忍不住破口大骂。然后受到自己大嗓门的刺激,导致愤怒的情绪越发高涨,最终无法收场。

⊙ 调整好身体状态的同时心态也会变好

因此，我们根据"面部反馈"的理论，可以从平时就养成下列的良好习惯：

1.深呼吸

将自己的精力集中于调整呼吸上，可以使人恢复冷静。与此同时，由于深呼吸为身体带来了大量氧气，可以起到放松身心的效果。

2.改变表情

保持微笑能够给自己带来一种积极向上的心态。即使只是尽力去保持温柔的表情，也能够达到让自己心情愉悦的效果。

3.保持优雅的举止

如果可以一直保持举止优雅，那么心态也必定会一直保持平和。保持良好行为、举止、动作，并不仅仅是为了他人，更是为了自己。从现在就开始朝着更加优雅、美丽的自己前进吧。

4.说话时注意用语

与表情相同，说话时的用语也会在一定程度上影响人的心情。言谈举止都很优雅、稳健的人，心态也必定十分谨慎、稳重。

保持微笑可以让人心情愉快

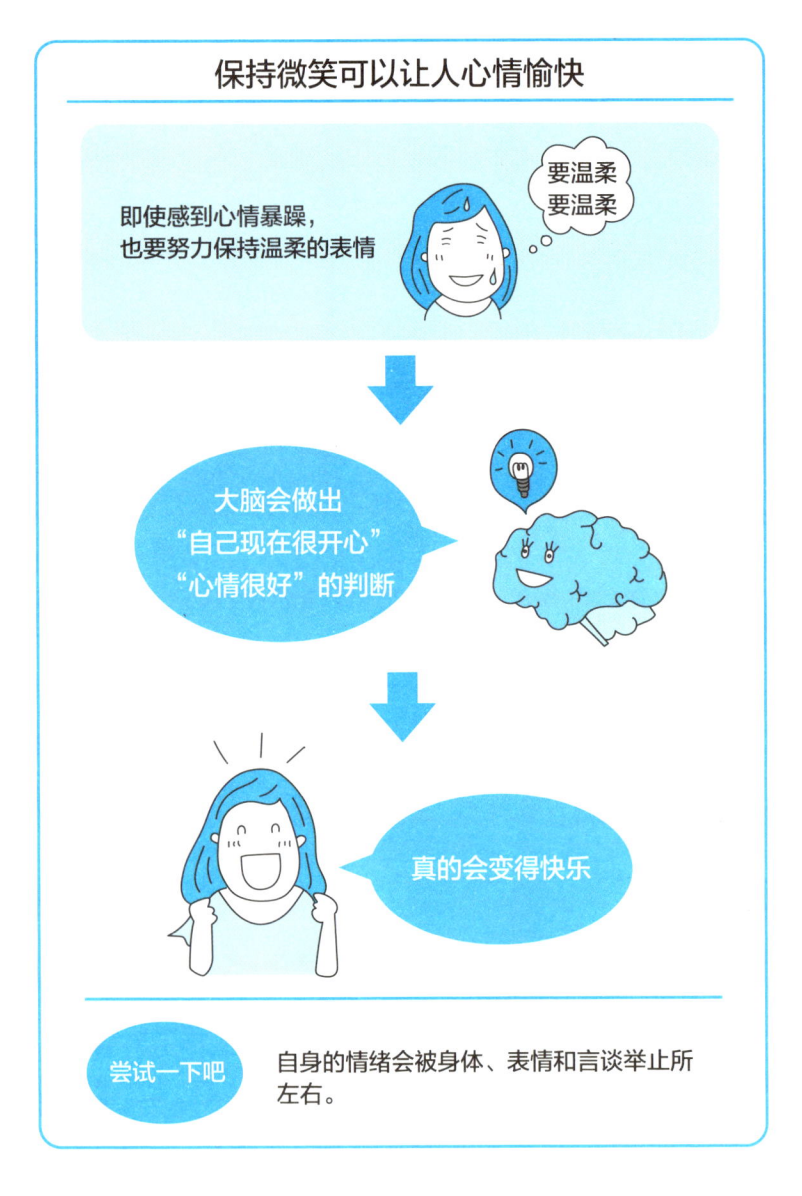

即使感到心情暴躁，也要努力保持温柔的表情

要温柔
要温柔

↓

大脑会做出"自己现在很开心""心情很好"的判断

↓

真的会变得快乐

尝试一下吧 自身的情绪会被身体、表情和言谈举止所左右。

9大习惯之 03

尽量与那些牢骚不断的人保持距离

提问 可以拒绝这种交际吗？

牢骚和愤怒会传染

◉ 人需要一个紧箍来约束自己

大家一定都听说过"紧箍松了""紧箍掉了"这种说法吧。

箍,一般指木桶周围围着的一圈竹制或金属制的圈。箍的作用是从外部把木桶紧紧固定,帮助木桶维持现有的形状。换句话说,"紧箍松了""紧箍掉了"说的是某些人或事物从原有的"束缚、约束"中解放,过度放飞自我的一种现象。

对人类来说,最大的"束缚、约束"就是社会本身。

"现在,如果在这里释放怒火的话说不定会给公司带来麻烦。"

"如果在这里吵架的话会让家人担心的。"

因为社会上的种种羁绊,人们一般都会对这些鲁莽的行为十分谨慎。因为要和同事、家人、友人、近邻等保持良好的人际关系,所以人们对于愤怒情绪都会比较克制。简而言之,社会上的种种羁绊创造出了一个抑制愤怒情绪的环境。

⦿ 不要靠近压力源头

虽说要和周围的人保持良好的人际关系，但也并不是说来者不拒。

最需要避免的情况，就是一群暴躁易怒的人在一起聚会。因此，碰到那种郁郁不可终日、满腹牢骚的人，最好还是走为上策。

如果持续听别人讲一些牢骚的话，负能量就会逐渐堆积。愤怒的情绪具有容易传染的性质，所以即使自己最初并未感到愤怒，如果持续听愤怒的人发牢骚，会让自己也变得暴躁不安。

因此，没有必要强迫自己与那些牢骚不断的人交往。如果遇上那种一看就很明显是牢骚大赛的酒会或者聚餐，请果断拒绝，避免与那些负能量的人交往。

此外，不要接近那些让自己感到有压力的场所也十分重要。如果你不想乘坐满员电车，那么不妨调整一下通勤的时间；如果你在人潮拥挤的地方容易感到暴躁难安，那么不妨更换一下出行地点。

对于那些自己讨厌的人或场所，要尽可能地避免与之密切接触，不得已接触时也要尽量保持距离，尝试着去做一些自己可以做到的努力。

不要接近那些让自己感到有压力的场所

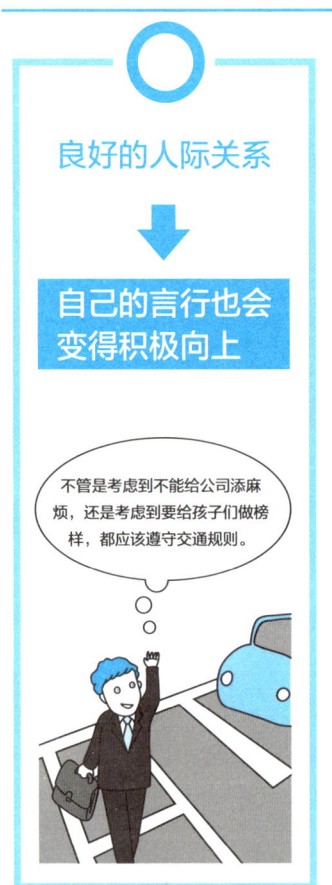

○ 良好的人际关系
→ 自己的言行也会变得积极向上

> 不管是考虑到不能给公司添麻烦，还是考虑到要给孩子们做榜样，都应该遵守交通规则。

✗ 与暴躁不安的人之间的人际交往
→ 自己也会变得暴躁易怒

> 真是的，我自己都开始火大了！

尝试一下吧　愤怒的情绪会传染，尽量和愤怒的人保持距离吧。

9大习惯之 04
掌握更多词汇量去正确表达自己的愤怒

提问 词汇量与愤怒有关系吗?

掌握表达愤怒的词汇量可以减少怒火的爆发

⊙ 表达能力不足会引发愤怒情绪

婴儿在感到不愉快的时候，会用"哭泣"这种行为表达出来。如果此时大人不明白婴儿为何哭泣，迟迟不作回应，那婴儿往往会哭得更加厉害。

等到婴儿稍微长大一点儿成为了幼儿，则会开始慢慢表达自己"肚子饿了""手好痒""肚子好痛"等不舒服的状态。等孩子成长到这个阶段，大部分父母都会感觉孩子的养育变得轻松了许多。

可如果问到已经身为成人的我们，是否所有人都拥有充分的表达力呢？很遗憾，答案是否定的。请问你是否总是会用"发怒了""很生气"等同样的词语去表达愤怒的情绪呢？请大家回想一下之前讲过的将愤怒量化成10个等级的内容（请参照第018页）。愤怒明明可以分成各种各样的等级，如果总是用"发怒了""很生气"等同样的词语去表达，那么最终可能导致我们无法表达出自身真实的情绪。

所以，如果有人不由自主地动手打人，或者采取了一些其他的暴力行为，那有很大的可能性是他（她）无法用语言来表达自己的愤怒。如果能够充分认识自己当前愤怒的程度，并且使用正确的词语表达出来，那么就无需采取一些暴力的手段了。

⊙ 掌握词汇量的两种方法

由此可见，我们应该丰富自身表达情绪的词汇量，在英语里叫作vocabulary（词汇量）。在此，为大家介绍两种方法。

1.多接触各种文化

大家不妨试试读诗歌或书本、看电影、听音乐、鉴赏绘画等，去接触一下各种各样的文化。艺术和文化往往能够发掘一个人表达的潜力。

2.多与价值观不同的圈子里的人交往

同一个公司、同一个行业里的人的思维方式和说话方式往往都比较相似。虽说与这类人交往时会有很多共同的话题。但从另一方面看，如果自己的社交圈里全都是价值观相近的人，那么久而久之，自己对事物的看法也会变得片面，容易养成一种定式思维。

因此，不妨增加自己与不同学校、公司、行业的人，住在不同地区的人交往的机会。去国外旅行就是一种很好地为自己注入刺激感的方式。

通过掌握更多的词汇量去丰富愤怒的表达吧

方法1 多接触各种文化

接触各种各样的文化，发掘自身表达的潜力

方法2 多与价值观不同的圈子里的人交往

电车是一种经常迟到的交通工具。

我们从来不去公共厕所。

我们从来不会把窗帘拉上。

点头代表的意思是"NO"。

小金额的找零基本上会被当作小费收走。

认识到自己所以为的常识不过是身处的狭小世界里的东西，要拓宽自己的视野

尝试一下吧 通过与各种文化和人的接触磨炼自己的词汇量。

05 通过书写"愤怒日志"去了解自己的暴躁倾向

> **提问** 记录自己的愤怒情绪会有好事发生吗?

记录愤怒情绪可以让自己客观地回顾

⦿ 经常找不到导致自己生气的原因

在日常工作生活中，我们经常会因为一些琐事感到生气，然后事后却不记得到底为何生气。偶尔会想自己几天前到底为什么那么生气。其中不乏有把记忆搞错的人，笔者还经常会碰到来找我咨询的人说自己"在私人生活中并不会经常生气，但是在职场中却十分易怒"。我仔细询问之后才发现，这种人往往处于"在职场中总会碰到一些让自己烦躁的琐事"。在家中虽然生气的次数较少，但只要一生气就一定是"火山喷发"的状态。

如此一来，"在职场十分易怒"这个说法就有待商榷了。甚至私人生活中的那些"火山喷发"，也很有可能与工作中的烦躁情绪有着密切的关系。由此可见，自己的一些先入为主的观点，很可能会让自己找不到导致自己生气的真正原因。

愤怒的记录本——愤怒日志

想要解决易怒问题,最重要的事情就是要准确地知道自己"因为怎样的事情,会变得如何暴躁"。在这里给大家推荐的方法就是写愤怒日志:每当自己生气时就把这件事记录下来。

愤怒日志并不是日记,希望大家一定不要误解。日记通常是在夜深人静的时候,自己回想一天的事情所写下的内容,而愤怒日志是需要随时随地记录的。如果等到晚上再写,容易遗漏一些事情,而且容易在记录的内容中加上自己的主观情绪。

另外,请不要在愤怒日志中书写分析、原因和解决办法。只要记录下发生的事情和自己的愤怒的等级就好了。例如,可以写成这样:出租车司机走错路了。(2)

记录时可以使用任何方法:笔记本、日记App(应用程序)、微博、编辑成短信发送给自己等。

需要注意的是,一定不要在自己情绪不稳定的时候翻看愤怒日志。如果不能以一种客观的角度去回顾,那只会导致再次唤醒当时愤怒的情绪。我推荐大家可以等一周左右,情绪稳定下来之后再找一个悠闲的时间去慢慢回顾。

记录愤怒日志

日时：
时间：20xx/10/20
地点：新宿
出租车
事情：出租车司机走错路了

愤怒等级
2

也可以编辑成短信发给自己

如果采取手写记笔记的方式，那么提前准备好用纸、笔会比较方便

愤怒日志的优点

· 可以知道自己愤怒的倾向
· 记录的同时也可以让自己从愤怒中冷静下来
· 能够意识到愤怒的原因与核心价值观（请参照第060页）

愤怒日志的记录方法

· 每当感到愤怒的时候，当场记录
· 给愤怒标注一个等级
· 不要写分析、原因和解决办法等
· 等过一段时间，情绪稳定下来以后再去回顾

尝试一下吧　每当感到愤怒的时候，就当场记录到愤怒日志中吧。

06 通过书写"应该日志"再度审视自己的核心价值观

提问　如果因为价值观不同而感到愤怒时应该怎么办？

"应该""不应该"这种思维方式正是愤怒的原因

⊙ 用应该日志来回顾愤怒日志

愤怒日志是用来记录让自己生气的事情的笔记。每一件让自己生气的事情背后,都隐藏着"应该""不应该"的这种思维方式,因此,希望你可以再用另一本本子书写自己的"应该日志"。这里面记录的,就是你自己对愤怒的原因所作的一些思考。在愤怒管理学中,这些"应该""不应该"的思维方式等被统称为核心价值观。

本小节开头的漫画中,情侣吵架的原因就是因为一个人认为"有恋爱对象的人不应该和异性朋友单独见面",而另一个人认为"应该珍惜自己的朋友",这两种核心价值观发生了碰撞。

"出租车司机就应该记住路怎么走""开会的时候就应该记笔记""约定的事情就应该遵守",相信很多人也拥有这种核心价值观吧。

核心价值观,是基于一个人思维的基础上的如同字典一般的存在。也可以理解成是一个人在看待其他事物时所戴的心灵眼镜或者过滤镜。我们每个人都戴着心灵眼镜,每个人都是与众不同的。

一个人的核心价值观也可以通过"应该"或者"应当"这样的句子来表达，如"孩子就应当这样做"等。越是家人、友人、上司、下属等关系亲近的人，人们就越容易把这些自己认为"应当"的感情强加于他人身上。漫画中的情侣就各自都认为对方"应当理解自己"。同样的事情如果放到那些来自遥远异国的人身上又会变成什么样呢？大概只会觉得"原来还有这种思想啊"，然后就轻易接受了吧。

⊙ 再度审视自己的核心价值观

下一页的图中，表示的是核心价值观的分界线。请把自己的容忍范围分成"允许""不允许""勉强允许"3个部分。接下来要做的，就是一边回顾"愤怒日志"和"应该日志"，一边将自己愤怒的原因一一对应到其中。

通过这个操作，可以大概了解到自己的核心价值观，然后我们要做的，就是去思考如何拓展"勉强允许"的范围。事实上，亲自动手操作以后就会意外地发现，有很多事情处于"接近于勉强允许与不允许之间"的微妙位置，然而自己在事发时却十分愤怒。"勉强允许"则代表对自己来说重要程度较低，因此本来是没有必要感到愤怒的。如此这般，一边写应该日志，一边重新审视自己的核心价值观，可以拓宽自己心灵的容量。

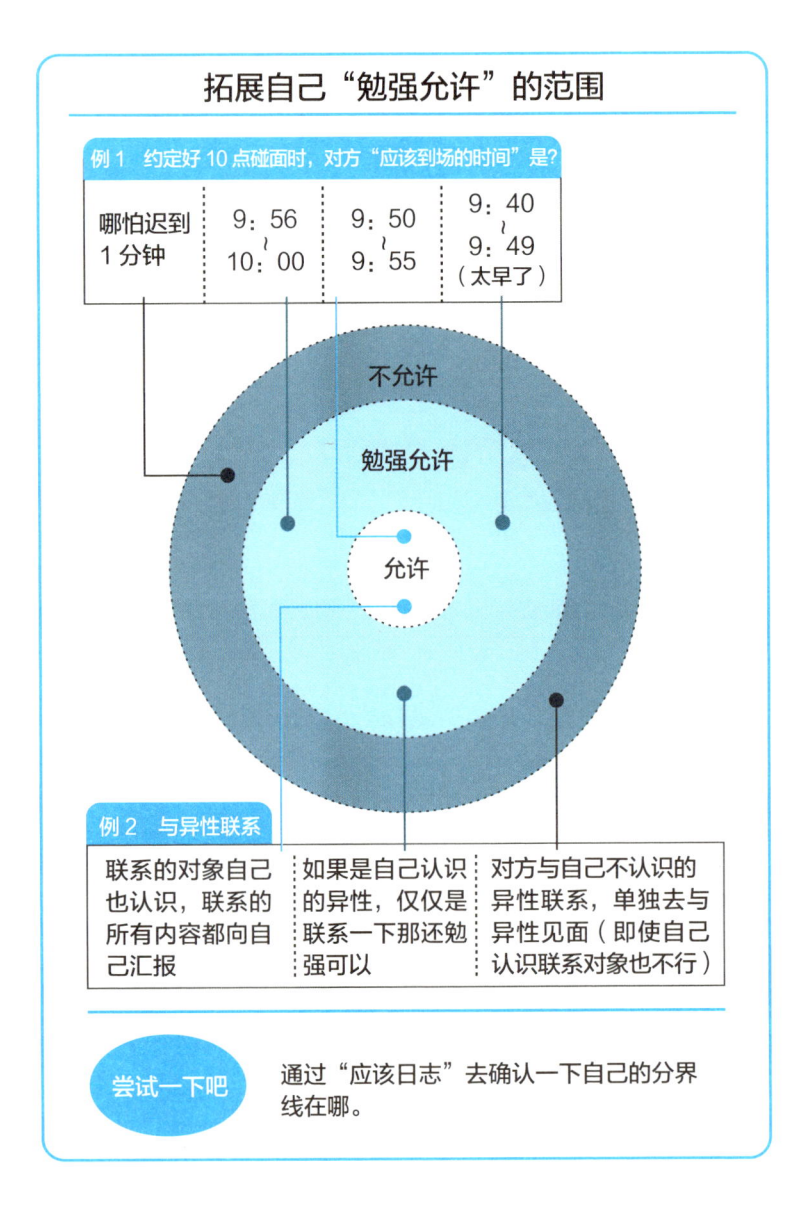

拓展自己"勉强允许"的范围

例1 约定好 10 点碰面时,对方"应该到场的时间"是?

| 哪怕迟到1分钟 | 9:56 ~ 10:00 | 9:50 ~ 9:55 | 9:40 ~ 9:49(太早了) |

同心圆:不允许 / 勉强允许 / 允许

例2 与异性联系

| 联系的对象自己也认识,联系的所有内容都向自己汇报 | 如果是自己认识的异性,仅仅是联系一下那还勉强可以 | 对方与自己不认识的异性联系,单独去与异性见面(即使自己认识联系对象也不行) |

尝试一下吧 通过"应该日志"去确认一下自己的分界线在哪。

07 通过书写"快乐日志"发现自己的幸福

> **提问** 当自己只在意一些不愉快的事情时应该怎么办?

书写"快乐日志"可以发现自己身边的幸福

◉ 我们容易忽视身边的幸福

有一个名为《蓝鸟》的童话故事,讲的是一对兄妹为了寻找幸福的象征——蓝鸟,而踏上了冒险之旅,但最后发现蓝鸟就在自家的鸟笼中。这个童话故事告诉我们:幸福就藏在我们身边。

在日常生活中,我们实际感受到的幸福其实比自己想象的要多得多。虽然有很多的机会去抱有开心、快乐、幸运等积极的情感,但我们很容易忽视这些幸福,这也就是所谓的身在福中不知福。

因此,笔者推荐大家使用的方法是:和书写愤怒日志一样,把幸福也记录下来吧。笔者称之为"快乐日志"。快乐日志没有任何固定的格式,每当你感觉到快乐的时候,拿出本子记下来即可。

在书写快乐日志时需要特别注意的是,一定不要忽视那些自己认为微不足道的幸福。

例如,像"项目成功了"这种幸福定然会记忆深刻,但像吃早饭时感受到的一些细微的幸福，很多人甚至在上班的时候就已经忘记了。

特别是那些平时比较暴躁易怒的人，通常会认为自己处于一种很委屈的状态，因此会比较容易忽视生活中随处可见的幸福。只要从今天起开始记录快乐日志，意识到身边的各种幸福，那肯定就能改变自己对自身现状的认识，认为"自己的人生也并非只有那些不愉快的事"，同时愤怒和压力也会越来越少。

⊙ 先持续 3 周时间

当你准备开始记录愤怒日志或者快乐日志时，建议你无论如何先持续3周的时间。虽然一开始可能会有些不适应，但是只要成功坚持3周时间，就能养成习惯。

一旦养成了习惯，就不会再觉得这件事是一个麻烦了。长此以往，就如同日常的刷牙一般，愤怒日志和快乐日志也会成为你生活中不可或缺的一部分。

开始记录快乐日志吧

本周幸福事件
- 咖啡很好喝
- 上班的路上一路绿灯，畅快通行
- 每天都是大晴天
- 工作很早就结束了
- 被上司表扬了

发现身边的幸福，记录到快乐日志中

↓

愤怒或压力就会逐渐减少！

尝试一下吧 把自己的精力从愤怒情绪转移到身边的幸福事件上面吧。

08 通过三阶段技巧去拓展愤怒的界限

提问：抑制突发怒火的方法有哪些？

通过三阶段技巧能够拓展不生气的范围

◉ 重新审视"发生的事情""应该怎么做""改写"

这一小节要教给大家的是,当我们通过愤怒日志(请参照第055页)和应该日志(请参照第059页)了解到自己的愤怒倾向之后,可以凭借三阶段技巧,通过对应该日志的回顾,去拓展自身愤怒的界限。

先在笔记本上画出三片区域。其中第一片区域是"发生的事情";第二片区域是"应该怎么做";第三片区域是"改写"。

请从自己的应该日志中选出一件自己曾经记录过的事情。然后往第一片区域(发生的事情)中,写上你选择的这件事情和"自己当时的想法"。例如,"出租车司机走错路了,很生气""跟老公说话的时候,他头也不回只用了一个'哈'来回答,我当场暴走"。

接下来,往第二片区域"应该怎么做"中,写上让自己感到生气的原因——"应该""不应该""应当"等自己的核心价值观（请参照第060页）。

"出租车司机就应该对各种道路十分清楚""别人跟自己讲话时就应该看着对方的眼睛，回答'怎么了'或者'没事吧'等"，可以像这样把自己真实的想法写在这片区域。

写完这些以后，希望你可以站在客观的角度上，再次思考一个问题：从长远来看，自己的这个想法对自己和周围的人而言是不是积极向上的，是不是一个让人身心健康的想法。在此基础上，如果并非那种绝对无法改变的价值观，那就"有可能是不健全的想法"。这种说法在美国的愤怒管理学中被称为"long term healthy（从长期来看是健康的）"，是一个十分受重视的概念。

⊙ 在第三片区域中改写一下价值观

在第三片区域（改写）中，写上"要怎么想才会不生气呢""要怎么才能把这件事情往积极的方面去想呢""为了达到这个目的需要一个什么样的核心价值观呢"等内容。

"那可能是一位刚从小地方来到大城市里的出租车司机。"

"谁都有当新人的时候。"

只要能够利用丰富的想象力不断地询问自己，并且改写价值观，那就一定可以成功拓展自己愤怒的界限。

通过三阶段技巧回顾应该日志

发生的事情	出租车司机走错路了	跟老公说话的时候他头也不回只用了一个"哈"来回答。我因为对他的态度不满而抱怨了几句，最终导致夫妻吵架
应该怎么做	出租车司机就应该对各种道路十分清楚	别人跟自己讲话时就应该看着对方的眼睛，回答"怎么了"或者"没事吧"
改写	那可能是一位刚从小地方来到大城市里的出租车司机。谁都会有对工作不太熟悉的时候，就连熟手都有可能会犯错。不可能所有的出租车司机都对道路很熟悉	主要还是希望对方可以回过头来看着自己，至于说什么内容其实不太重要

尝试一下吧　当自己的情绪恢复冷静时，不妨通过三阶段技巧回顾一下应该日志吧。

09 分清"事实"与"臆想"

9大习惯

第二周

气呼呼～

不信任～

居然来抢我的生意伙伴!

居然来抢我重要的生意伙伴!A先生也真是的,为什么要搭理B那种人啊。

那个,明年可以麻烦您续签我们之间的合同吗?

怎么感觉气氛怪怪的?

你会去参加下周的活动吧?

当然了,真是太期待了。

啊,那不是我的死对头B和生意伙伴A先生吗?

之前不是已经和你们签订了3年的合同吗?

咦?

嗯,不过……您是不是要去参加B先生公司举行的活动呢?

我不会让你逃避这个问题的!

B先生指的是那个个子很高的B先生吗?

他孩子跟我孩子上同一个托儿所哦。

活动难道指的是运动会吗?

晕～～～

啊?

提问 ← 如何才能让自己不想太多?

陷入臆想会引发额外的怒火

◉ 比起事实，人更容易被臆想牵着鼻子走

有许多人很容易混淆"事实"和"臆想"。导致的结果就是，被臆想牵着鼻子走，让自己产生一些不必要的怒火。因此，从日常开始练习如何区分事实和臆想就变得至关重要。

现在请大家一起来看几个例子。下述句子中的内容里混杂了事实和臆想，请将它们区分开来。

（例1）我没有工作。所以，我大概这辈子都结不了婚了。

显而易见，上面这句话的内容里面事实是"没有工作"，臆想是"这辈子都结不了婚"。接下来请看下一个例子：

（例2）我收到了来自客户的投诉，所以我没有资格做销售。

是不是有人认为事实是"收到了客户的投诉"，臆想是"自己没有资格做销售"。正确的事实其实是"收到了来自客户的联系"，而臆想内容是"收到了客户的投诉"和"没有资格做销售"这两项。

客户联系你，也有可能只是为了顺便再追加一些以前购买过的商品。因此，即使客户在跟你说话的时候语气可能有些生硬，但那也不代表客户是生气了。

◉ 要像法官一样理性地去判断

再回过头去看本小节开头的漫画，里面的主人公看到竞争对手公司的销售负责人与自己的生意伙伴负责人见面，就臆想成"竞争对手要抢自己的生意伙伴"，因此变得暴躁不安。但事实是"仅仅是那两个人见面了"而已。

是不是经常会碰到这种场景：一个人看到自己的丈夫和陌生女性走在一起的照片，就断定自己的丈夫出轨了。其实，即使照片里的场景是女方的家附近或者一些约会圣地，从照片中可以获取的信息就只有"丈夫和陌生女性走在一起"而已。因此，不管是"出轨了""很奇怪"还是"他们肯定在约会"等想法，在看到照片的那一刻不过是一些自己的臆想罢了。

如果觉得自己很容易感情用事，那不妨试着练习一下区分"事实"和"臆想"吧。

因此，当看到丈夫和陌生女性走在一起的照片时，不要被臆想牵着鼻子走，要把"照片里是不是两个人单独在一起""是不是在约会""是不是出轨了"这些事实一个一个确认好。在还没确认事实之前，一定要像法官或检察官一样理性地去看待问题。至于自身的感情和今后的问题处理，可以等到确认了事实之后再做打算。

"事实"和"臆想"的区分练习

	我没有工作。所以，我大概这辈子都结不了婚了	我收到了来自客户的投诉，所以我没有资格做销售	竞争对手公司的销售正在和自己的生意伙伴洽谈一些合作事项，想要抢夺自己这边的合同
事实	没有工作	收到了来自客户的联系	竞争对手公司的销售负责人正在和自己的生意伙伴说话
臆想	这辈子都结不了婚	收到了客户的投诉，没资格做销售	双方正在洽谈合作事宜，想要抢夺自己这边的合同

尝试一下吧 抛开"臆想"，针对"事实"制订对策。

一点小建议 2

愤怒日志的书写方法

1. 日期
2. 场所
3. 发生的事情
4. 自己的想法
5. 想让对方做的事情
6. 自己当时的言行
7. 结果
8. 愤怒的强度

记录日志的 8 大要素

愤怒日志，最重要的就是当你感到愤怒的时候要立即记录下来。如果经常容易感到愤怒，那么就应该把日志时常放在身边，每当碰到生气的事情就立即记录。记录时不要掺杂自身的情感，只书写事实。

记录愤怒日志时可以适当参照左边的 8 大要素，但没有必要一条不漏地完全按照要素去写。当你感到愤怒的时候，你可以选择性地把左边要素中你觉得可以写的事项记录下来。

回想"让自己心情很好的事情"，可以有效地驱除坏情绪。为了达成这个目的，大家可以记录一些让自己五感很舒服的事情，如好闻的香味或者很好的触感等。

第2章

塑造不生气的自己的9大习惯　总结

- [ ] 不要借酒浇愁或者发牢骚　　第 040 页
- [ ] 注意时刻保持微笑　　第 044 页
- [ ] 不要与那些牢骚不断的人交往　　第 048 页
- [ ] 掌握更多词汇量　　第 052 页
- [ ] 记录"愤怒日志"　　第 056 页
- [ ] 记录"应该日志"　　第 060 页
- [ ] 记录"快乐日志"　　第 064 页
- [ ] 改写自身的"应该"　　第 068 页
- [ ] 分清"事实"与"臆想"　　第 072 页

第3章

成为不无谓生气的
人所必备的
10个心态

成为一个不无谓生气的人

某件事的含义取决于你如何去诠释它

相信大家对这样的事情并不陌生：对于某些人给自己提的意见，可以虚心接受；然而对另外一些人的意见，却带有抵触心理。和某些人吵架的时候，极易感情用事，然而和另外一些人却不会。

这就是对于同一件事的诠释，会随着自己当时想法的变化而发生改变。甚至可以说，一个人对某件事是否会感到愤怒，完全取决于对这件事"诠释的方法"。

换句话说，只要巧妙地改变一下诠释的方法，就可以避免愤怒情绪的产生。任何人都可以改变自己对于某件事的诠释。可能有些人已经先入为主，觉得"易怒的性格是无法改变的"，但如果把这个说法转变成诠释的问题，是不是就会觉得简单多了呢？

现在，让我们重新梳理一下愤怒产生的3个阶段。

阶段1：遭遇了某件事。

阶段2：赋予这件事相应的意义。

阶段3：产生愤怒。

这章将要为大家介绍的就是阶段2的赋予意义部分。根据诠释的方法不同，某件事被赋予的意义也会发生改变，就不会无谓地生气。

如何通过调整心态让自己不无谓地生气

发现隐藏在愤怒情绪深处的初始情绪
第 081 页

不要一味地追求完美的自己 
第 085 页

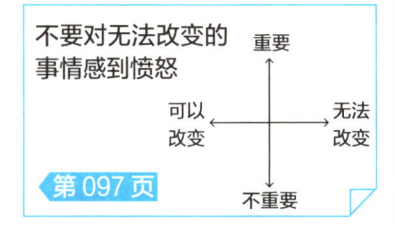

不要责备忍不住生气的自己
第 089 页

用正能量填满自己的心灵 
第 093 页

不要对无法改变的事情感到愤怒
第 097 页

不要被他人的评价左右
第 101 页

化愤怒为力量
第 105 页

不要总觉得自己是被强迫的 
第 109 页

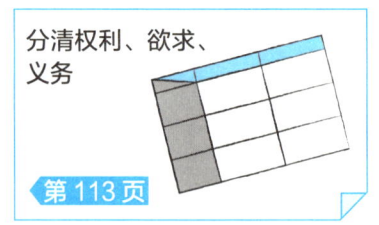

分清权利、欲求、义务
第 113 页

重新审视自我准则 
第 117 页

心态 01

试着面对愤怒背后隐藏的"其他负面情绪"

> 提问：要怎么做才不会吵架？

直面初始情绪可以有效地解决问题

⊙ 愤怒只是二次情绪

在一些夫妻吵架的场景里,经常会出现"你根本就不理解我的心情"这样的台词。即使没有亲口说出这些话,大部分人应该也有一种感同身受的感觉吧。本小节开头的漫画里上演的就是这样的场景。然而,如果仔细追究这件事情本身,那些认为"对方不理解自己的心情"的人,其实有时连自己都未必理解自己内心真正的心情。

简单来讲就是,愤怒只是二次情绪,在愤怒情绪的背后还隐藏着初始情绪。

现在请大家想象一个杯子。愤怒就像是刚好从杯中溢出的水。而这个杯子原本就装满了,如难受、悲伤、苦闷、寂寞、不安等负面的初始情绪。如果心灵的杯子被负面的初始情绪给填满,那结果就会化作愤怒情绪满溢而出。

再回过头去看开头的漫画,其中妻子角色的初始情绪毫无疑问是"不安"。担心丈夫身体健康的心情、担心丈夫可能是借酒浇愁、担心自己的家庭会因此破裂等不安的情绪堆积在一起，最终的结果就是以"愤怒"的形式爆发出来。如果不能好好地解决对方愤怒情绪背后隐藏的不安情绪，那么，愤怒的爆发将会一直持续下去。

⊙ 解决初始情绪可以平息怒火

笔者曾经接到过一个来自计算机生产公司的关于投诉的咨询。大概内容是，生产商明明已经帮客户把坏了的计算机修好了，可客户的怒火还是久久不能平息。生产商这边的想法是：明明已经把计算机给修好了，而等我耐心听完那位客户的话才发现，这位客户投诉的大致内容是"因为计算机坏掉这件事情让自己当众出丑了"。

也就是说，客户的初始情绪是"当众出丑了所以很难受"，希望生产商能够理解自己这种心情。

当自己感到生气，或者不小心让对方生气时，最重要的事情是要先找到"隐藏在愤怒情绪后面的初始情绪"。

因此，在解决问题的时候，比直接应对愤怒情绪更有效的解决办法，是要通过应对初始情绪去引导解决问题。只要能够直面难受、悲伤、不安等负面的初始情绪，朝着解决问题的方向努力协商、行动，那么怒火自然也就能平息了。

心灵的杯子被负面情绪给填满了

初始情绪

心中堆积了许多负面的初始情绪

（难受、悲伤、苦闷、寂寞、不安）

↓

二次情绪

初始情绪堆满之后化作愤怒情绪满溢而出

（愤怒）

尝试一下吧 找出初始负面情绪并且努力解决它们吧！

心态
02 与其当一个完美主义者不如努力达成眼前的目标

提问 一旦事情不朝着理想的状态发展就会感觉暴躁不安……

理想如果太高会容易感到愤怒

⊙ 过高的理想会带来负面效果

每个人的心中都有一个"理想中的自己",还可能会有理想中的商业伙伴、理想中的上司、理想中的妻子(丈夫)、理想中的母亲(父亲)、理想中的女儿(儿子)、理想中的家、理想中的身材等,列举出来可谓是无穷无尽。甚至可以说,你身处的每种情况,大概都会有一个理想的自我形象吧。

有一个想成为的自我形象绝不是一件坏事。通过不断地努力去追求理想这件事,不管是工作方面还是做人方面,都是十分了不起的。

不过,在此之前必须要理解一件事:人不可能永远都处于自己理想中的状态。

例如,一个项目的截止日期很紧迫,那就不可能为了自己理想中的质量去一遍又一遍地从头开始做。更何况没有人永远都不会犯错。如果今天身体不舒服,那就不要再慌里慌张地连打扫房间都安排进自己的日程,给自己放一天假吧。

◉ 完美主义会让自己和周围的人都受苦

完美主义者，会努力追求理想中的自己，但往往会对达不到理想中的自己感到失望。

"自己不是个称职的母亲。"

"工作总是半途而废。"

不少人都像这样陷入烦恼后变得暴躁不安，甚至把气撒到周围人身上，形成一种恶性循环。

此外，完美主义的另一个致命点是，要求其他人也要成为理想的状态。一旦他人无法达到自己的期待，就会觉得"为什么连这都做不到呢"，并容易因此感到愤怒。像这种给对方造成压力的行为，会让双方的人际关系逐渐恶化。

也就是说，完美主义会导致自己和周围的人都遭受痛苦的结果。

毫无疑问，一个工作上从来不出差错的人、一个好的丈夫、妻子或父母的姿态很重要。在脑海中想象理想中的样子，然后为之努力奋斗，是让人时时保持积极向上的秘诀。

然而，如果现实距离理想遥不可及，那就容易让人感到愤怒。因此，请从现在起就扔掉完美主义的思想，把目标变成"立足于现实的理想中的样子"吧。真正积极向上的思想，往往都是扎根于现实的基础之上。

完美主义会让自己和周围的人都受苦

理想中的工作

绝对不允许犯错

一定要保证是最好的质量

如果要求对方也要做到

如果自己犯错了……

你为什么连这点事都做不了呢

我可真是干什么都不行啊

尝试一下吧 放松一下肩膀，朝着眼前现实的目标努力奋斗吧！

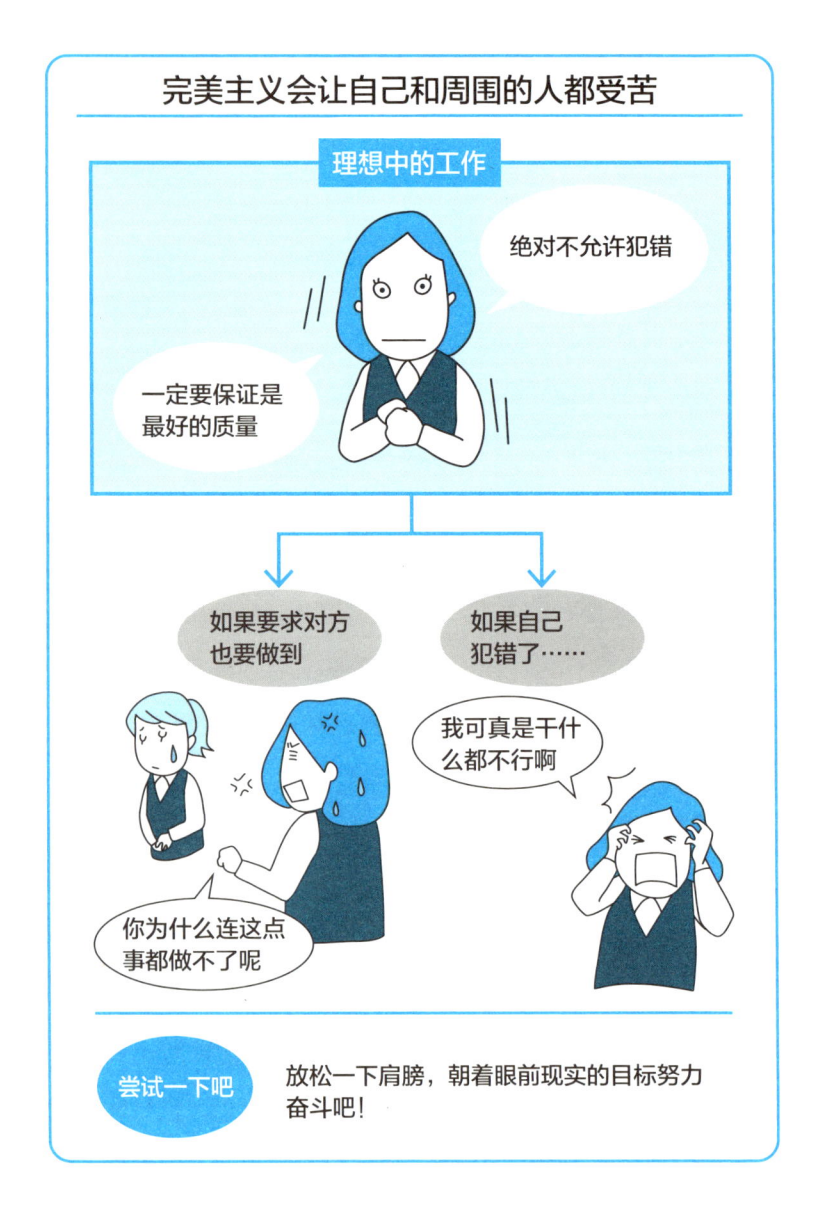

心态
03

勇敢接受生气的自己

辛苦啦!
呼
愤怒管理讲座

嘿嘿嘿
太好了,感觉这下子我易怒的性格也会得到改善了。

第二天
这个事情我之前不是强调过了吗!
这次实在是事出有因……

哎呀,又生气了,我怎么……

哈
到底要让我说几次才能懂啊……能不能让我省心啊!

明明已经去听了愤怒管理的讲座!我真是没用!

> **提问** ◁ 我讨厌总是动不动就生气的自己……

勇敢接受生气的自己也是一种愤怒管理

◉ 愤怒情绪攻击性的3个方向——他人、物品、自己

愤怒管理并不是否定愤怒情绪本身。愤怒是一种自然的情感，笔者认为这种情感甚至可以转化为一种动力（请参照第106页）。

问题是愤怒情绪的攻击性。愤怒的攻击一共分为他人、物品、自己这3个方向。

1.攻击他人

攻击他人会导致双方人际关系恶化。虽然向对方表明自己的立场和心情很重要，但如果表现出来的攻击性太强，最终只会两败俱伤，让对方和自己都疲惫不堪。

2.朝物品撒气

很多人可能会觉得"把气撒到物品上谁也不会受伤，所以没有问题"。这种想法是错误的。因为一旦朝物品撒气了，愤怒的情绪就会扎根于自己的内心。这种行为不仅会发展成为一种坏习惯，而且还会越演越烈，因此不建议大家这样做。

3.攻击自己

责备失败的自己就等同于攻击自己。将不必要的罪恶感强加到自己身上，心情必然会更加消沉，所以这种方法也不可取。

勇敢接受生气的自己

特别是刚开始学习愤怒管理的时候，极易陷入"我又朝别人发脾气了""我果然就是一个爱生气的人"等责备自己的状态。目的明明是想要控制愤怒的情绪，但却因为进展不顺利而感到生气，反而会使自己陷入恶性循环中。

因此，我希望大家不要否定生气的自己，而应该承认自己易怒的事实，脚踏实地地进行愤怒管理。因为，勇敢接受自己也是一种愤怒管理。

愤怒管理并不是一味地否定愤怒这件事情。恰恰相反，愤怒管理主张的是"对于该生气的事最好还是要生气"。

那么，要如何判断什么是"该生气的事"呢？其中判断的基准就是：自己是否会后悔。应该生气的事情是"如果自己不生气那么之后会后悔"；不该生气的事情是"如果自己生气了那么之后会后悔"。与其让自己在"我当时要是说出来就好了"的情绪中暗自悔恨，还不如当时就痛痛快快地发一次火。

勇敢承认易怒的自己

忍不住把怒火释放在周围人身上以后

✗ 责备自己
"为什么又忍不住生气了啊"

✗ 对生气这件事感到生气，只会是火上浇油、本末倒置！

○ 接受自己是易怒的性格这个事实，勇敢面对藏在愤怒背后的情绪

○ 不骄不躁，日益改善

尝试一下吧 努力学习如何接受失败的自己吧！

心态 04

用正能量填满自己的心灵

提问 突发怒火的原因是什么？

> 长久以来堆积的负面情绪会因为一些琐碎的小事而爆发

◉ 负面的情绪堆积起来会导致怒火突然爆发

不知道大家有没有过那种因为被人踩到脚等一些十分琐碎的小事而大发雷霆的经历呢？

像这种放在平时只是一些"不值一提的小事"，根本不值得生气的时候怒火爆发的情况，往往是因为最近的许多事情都不如意，或者连续遇到一些不幸的事情。

也就是说，负面情绪的堆积会让人因为一些琐碎小事爆发怒火。因为自己的心灵之杯（请参照第082页）中填满了负面情绪，所以很容易因为一些轻微的刺激就导致杯满水溢、怒火爆发。

因此，平时一定要注意防止负面情绪的堆积。

对于这种情况，首先要做的事情，就是"把心灵之杯变大"。只要自身的心胸足够宽广，那么愤怒的情绪也就不会轻易地满溢而出了。拓展心胸的方法有很多，学习愤怒管理并将其运用到实践中就是其中一种方法。

然后需要做的就是"消除负面情绪"。对于这一点，转换心情的方法十分有效,笔者推荐使用在第1章为大家介绍过的方法。

然而,即便如此,想要完全消除负面情绪也并非一件易事。

⊙ 试着将其转换成正面情绪

这种时候,不妨换一种思路,使用"增加正面情绪"的方法来应对。人的心灵之杯都是有一定容量的,如果其中的正面情绪增加了,那么负面情绪就会逐渐减少。

当然,这也并不是说只要不加思考地变得积极乐观就好了。而是希望你可以站在其他角度,如"用积极的态度"看待问题。如此一来,既可以锻炼自己从多个角度看待问题的能力,又可以培养自己控制情绪的平衡感。

此外,在自己即将被负面情绪包围时,还有一种方法可以让你突出重围:尽可能地回想快乐的场景。例如,打高尔夫时的一杆进洞、冲浪时完美地踩到海浪上方、和朋友一起度过的美好时光等,让这些快乐的记忆充斥自己的大脑,可以让你再次感受到当时的爽快感和充实感。

增加正面情绪

日常锻炼的事项

从多个角度看待事物,培养自身的平衡感

试着思考:是不是可以把让人感到愤怒的事情"转变为积极的角度去思考呢"

碰到让人愤怒的事情时

回想自己曾经"快乐的场景"

尽可能具体地回想可以让自己的心情好转。因此,从现在开始就去收集一些"快乐的场景"吧

尝试一下吧 想象曾经快乐的场景,增加自身的正面情绪。

心态
05

不要对无法改变的事情感到愤怒

| 偷税漏税 |
| 太不像话了！这样下去怎么行！ |
| 可是你就算生气也没有用啊。 |
| 喂，你难道没有感觉吗？ |
| 我可不想再看到这样的新闻了！ |
| 哎呀，今天可真忙。 |

提问 ▸ 感觉生活中充满了怒火，应该怎么办才好？

放下愤怒才能度过一个有意义的人生

⊙ 使用直角坐标轴去判断应该放下的愤怒

这世上有许多人在家庭关系、恋爱关系、工作关系方面非常失败,因为与朋友吵架等原因而遭受痛苦经历的人也不在少数。人的一生中,不可避免会碰上一些仿佛永远都无法克服的事情。一些过于痛苦的经历,甚至会在过了很久之后回想起来,或者在某些突然的瞬间被自己想起时,自己可能还会感到怒火中烧。

可是,如果放任自己迷失在怒火的狂潮中,可能就相当于放弃了自己本该精彩无比的人生。也可能会因此而忽略身边一直默默支持的人或物。既然我们不能改变过去已经发生的事实,又不能改变那些导致事实发生的原因,那我们就应该尽早放下对发生过的事情的执念。

除了过去发生的事情,还有一些其他的情况也经常会让人产生"对无法改变的事情感到愤怒"的情绪。例如,发生交通堵塞时,这种情况并非个人的力量可以对抗。

在这种情况下,自己能够做到的最妥善的解决办法,就是接受堵车这个事实,要么改变自己的行车路线,要么就临时更改一下预定好的计划。

⊙ 对于可以改变×重要的愤怒一定要尽全力去争取

如果把愤怒按照"可以改变/无法改变""重要/不重要"这两条数轴分类，就可以清楚地知道什么是"应该放下的愤怒"。

这两条数轴一共可以把愤怒分成四个种类。对于"可以改变×重要"的事情，我们应该尽全力去争取，而对于"无法改变×不重要"的事情，及时放手才是明智的选择。

对当前社会上一些不好的现象感到愤怒，基本上属于"无法改变"且"不重要"的分类，所以无须愤怒。如果对于自己而言，这是一件"无法改变"但"重要"的事，那么可以积极参加一些活动，做出力所能及的改变。除了政治以外，孩子的教育、部下的教育、人际关系的处理、公司的氛围等，都是仅凭自己一个人的力量难以改变的事情。

不过，虽然他人的性格无法改变，但自己与他人的交往方式却可以被改变，也必定会给对方带去某些影响。如果这对于你来说是一件"重要"的事，那么努力让双方的关系驶向正轨就是一件有意义的事情。

使用两条数轴把愤怒分类整理

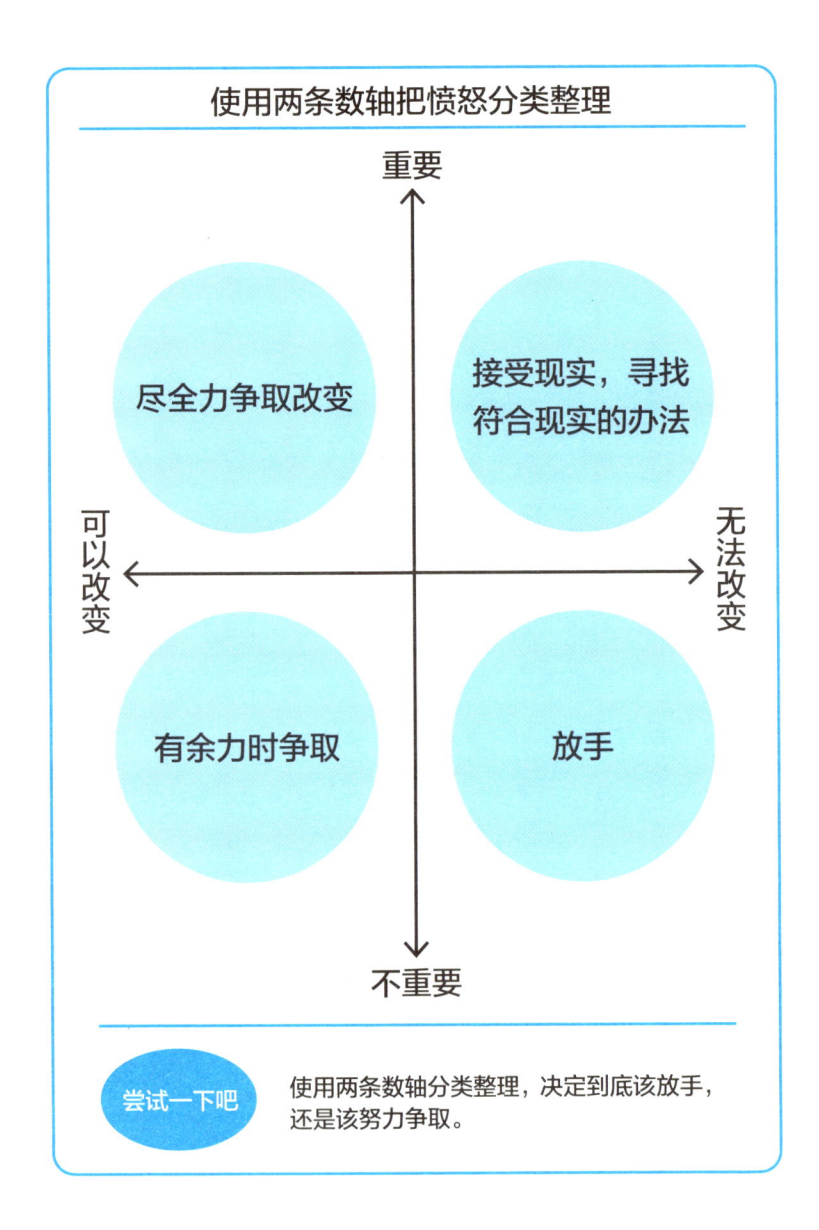

```
              重要
               ↑
    尽全力争取改变   │   接受现实，寻找
                   │   符合现实的办法
可以              │              无法
改变 ←────────────┼────────────→ 改变
                  │
    有余力时争取   │     放手
               │
               ↓
              不重要
```

尝试一下吧　使用两条数轴分类整理，决定到底该放手，还是该努力争取。

心态
06

不要去管其他人对自己的评价

> 提问：社交网站上别人的评论经常会让我感到愤怒。

不去管他人的评价，自己的评价由自己决定

◉ **为了自己的精神健康，不要去管他人对自己的评价**

如果把所有的事情都按照"可以改变／无法改变""重要／不重要"这两条数轴去分类（请参照第100页），那自己对周围发生的事情就会有一个大概的把握。例如，"公交车上有人违反公共道德"，类似这种事就可以划分为"无法改变×不重要"的分类。

如果周围有和自己毫不相干的人做出了一些违反公共道德的事情，无视他（她）就好了。如果你看到别人做这种行为会让自己心情变得不愉快，那不要去看就好了。因为那种第二天就会被忘记的琐碎小事让自己变得怒不可遏，从愤怒管理学的角度上来说是得不偿失的。

当然，纠正违反伦理、道德的行为也十分重要，但正因如此，如果想要完全实现社会正义，那就更不应该放任自己怒火中烧，甚至和别人产生纠纷。

放任不管，或者说不主动参与的这种做法，同样适用于社交网络等来自周围的评价。即使心里想着"最好不要在意"，但只要是人就会在意，所以干脆不看就好了。

虽然锻炼自己不去在意他人评价的心理承受能力很重要，但最快的方法还是干脆不去看他人对自己的评价。

在这个世界上，能对自己人生负责的就只有自己。因此，自己的评价应当由自己做主，至于别人要说什么就任由他们说。如果仍然十分在意社交网络上的人说的话，那么直接把他（她）拉黑就好了，或者干脆远离社交网络也不失为一个好办法。为了保持自己的精神健康，努力创造一个不被评价的环境是一个很好的选择。

◉ 和配偶或上司等重要人物的关系

上述评价问题中，必须要面对的就是和家人或上司、下属之间的关系。与公交车上毫不相干的人，或者社交网络上的朋友不同，这些人都是现实中对自己很重要的人。

一想到"他人是无法改变的"，那自己有时可能会对解决问题感到一丝绝望。然而，我要说的是，就算他人的性格无法发生改变，你也可以改变自己与对方的交往方式。

例如，可以像下面这样，把事情分成要努力争取的事和放手也没关系的事。

"对于××，需要两个人一起好好地想一想。"

"××对于自己不重要，所以尽量配合对方就好了。"

虽然对方难以发生改变，但是只要自己的脑海中一直记住要改变自身的行动，就一定可以和对方发展出良好的关系。

为了保持精神健康

不要被他人的评价左右

哈哈啊 啊
是不是大吃一惊啊
我跟你们说，我听说了一个不得了的事
不听 不说 不看

不去关注让自己感到不愉快的事情

以自己的价值观和好奇心为优先

门票

如果对方很重要，那就改变双方相处的方式

我想知道你为什么这么喜欢这个
十分喜欢塑料模型

尝试一下吧 不要管周围人如何评价自己。

07 心态

化愤怒为力量

> 提问：如何才能化不甘为动力？

愤怒可以被转化为成长的力量

⊙ 愤怒情绪也有积极的一面

对于愤怒的情绪，通常来说我们比较容易注意到其消极的一面，其实愤怒的情绪也拥有积极的性质，可以引导我们走向更正确的方向——愤怒可以被转化为成长的力量。

在现役的顶级运动员当中，有的选手沉沦于不甘和愤怒的情绪中，导致自己精神状态紊乱；有的选手则把愤怒转化为自己的力量，使自己的实力变得更强；还有一些选手在输了比赛以后，把报道自己发挥失常的报纸文章剪下来贴在自己的房间里，以输掉比赛的悔恨和愤怒来刺激自己，成为自己努力训练的源动力。其实，正是这种"输了比赛很不甘心"的心态，才让选手们得以成长。

与运动员一样，商务人员也很需要把自身的愤怒转化为成长的源动力。株式会社的创始人，横滨DeNA海湾之星的拥有者南场智子曾经就"对于社会抱有的健全的愤怒"的重要性说过下面的话。

如果满足于现状，那就无法创造出新的东西。"这种体制太不行了""如果这样做肯定会让一部分人遭受损失"等，只有把这些健全的愤怒转化成"所以才需要改变"的源动力，才可以促使良性循环，创造出更好的商品和服务。

⦿ 毁灭型愤怒和赋予动机型愤怒

相信大家在孩提时代，一定有过忤逆父母而故意不去做一些事，或者故意做一些父母不让做的事情的经历吧。这种类型的愤怒不会使人成长。

然而，如果因为想起某件事情而让自己变得干劲十足，那你也一定可以把愤怒转化成自己的成长动力。

笔者在举办运动员咨询会的时候，就经常会给选手以下3个建议：

· 设定一个长期性的目标。

· 思考为了达到目标所要做的行动。

· 考虑行动机制。

这种思维方式同样适用于运动员以外的职业。如果能不仅仅拘泥于销售业绩等短期目标，而是在人生这样一个大环境中找到自己想要为之奋斗的目标，那么这也一定会变成自己将愤怒转化为动力的契机。

积极的愤怒 VS 消极的愤怒

消极的愤怒
- 精神状态紊乱
- 一想起来心里就堵得慌

⬇

如果不能转变为积极的愤怒，那就把它忘掉、放手

积极的愤怒
- 转变为成长的动力
- 干劲十足，精神振奋

⬇

将愤怒化为动力，并转变为下次挑战的源动力

尝试一下吧 积极看待愤怒的情绪并把其转变为成长的动力。

心态

08

不要期待他人的回报

对不起！我昨天请假了没来，能不能把你的笔记借我看一下？

好啊！

谢谢你！我抄完了就还给你哦！

真是帮大忙了~~♡

数日后——

晕晕乎乎

看来今天是去不了学校上课了。

不过我上次把笔记借给那个人了，她明天应该也会借笔记给我吧！

呜呜……

我昨天请假没来，你能不能把你的笔记借我抄一下啊！

我昨天上课睡着了，没有记笔记！

抱歉

怒火

上次既然你借了我的笔记去抄，这次就应该好好记笔记借给我抄啊！

怒气冲冲

逃

提问 为什么总是只有我一个人在吃亏？

过高的期待容易导致愤怒情绪的产生

◉ 对他人的期待容易滋生愤怒情绪

这世上有许多人都会因为自己付出后对他人的回报产生期待。当然，日常生活中并不缺少这种付出和回报的场景，如上班可以拿到工资、付钱就可以买商品等。

然而，对私下里人际关系回报的过度期待，也是滋生愤怒情绪的原因之一。因为对方并没有义务一定要满足你的期待。

"我之前借了笔记给她，这次我请假，她之后应该也会把笔记借给我吧"，即使自身抱有这种期待，也不代表对方就一定要按照你期待的那样去做。

产生愤怒的原因，正是这种期待和结果之间的反差。当然，并不是说对私下里的人际关系完全不抱任何期待，而是如果可以适当降低自身对他人的期待值，这样就可以有效地抑制愤怒情绪的产生。

如果自己对他人的期待值很低，那就会自动把想法转变为"她没有记笔记也没办法""不知道她能不能介绍一个记了笔记的朋友给我呢"等。

⊙ 不要感觉自己被人强迫了

愤怒情绪的产生还有一个原因——"被强迫感"。

例如，自己率先把上班场所打扫干净了。如果此时自己的想法是，"因为其他人都不打扫，所以就只能自己打扫了"，那么自己必然就会对他人不打扫，或者自己明明打扫了却没有收到来自周围人的感谢而感到愤怒。

反之，如果能够抱有"因为自己爱干净所以就打扫了"这种心态，情况又会怎样呢？是不是会发现，来自"被强迫感"的愤怒消散得一干二净，自己也能开开心心地打扫了。

甚至，如果自己不在意工作场所稍微有些脏乱，不打扫就好了。如果能够优先做自己真心想要做的事情，那就不会因为没有得到回报而感到愤怒了。

期待与结果的反差导致愤怒情绪产生

低 ← 期待 → 高

想把房间打扫干净！

希望其他人也会打扫

我只是因为自己想打扫所以就打扫了，他居然因此而感谢我！

谢谢你！

不用道谢，我希望你也要打扫！

喜悦 ← → 愤怒

尝试一下吧 优先去做自己真正想做的事情。

心态 09

分清权利、欲求、义务

提问 双方的心情为何会发生如此严重的分歧？

分清权利、欲求、义务

◉ 减少自己变暴躁的机会

以自我为中心的思想会让自己和周围的人都受苦。

将核心价值观（请参照第060页）作为自己的心灵眼镜绝不是一件坏事。然而，有时候我们的心灵眼镜也可能会戴歪。戴歪的眼镜会让自己和周围的人都受苦，所以需要我们自己及时去"拨乱反正"。

假设有一个人现在拥有这样一种价值观——"应该尊敬长者"，这个价值观本身并没有任何问题，是一种很普遍的思想。然而，如果以这种价值观为基础，产生了"我是所有人里面最年长的，但是却没有受到大家的尊重"这种思想，就有可能变成导致问题产生的隐患。

"这个人怎么抢在我前面上车了""全员干杯的祝酒词应该由我来说才对"等，当事人可能会因为这样一点点小事最后导致愤怒爆发。

类似这样的想法，就被人们称作"以自我为中心的思想"。可能你会觉得本小节开头的漫画中的主人公，和上文讲到的长者的思想有些极端，但其实不管是谁都很容易陷入以自我为中心的思想中。

"自己还在加班，下属就已经先行下班回家了""小孩就应该按照大人给安排好的时间表作息"等，类似的例子不胜枚举。

想要纠正自己的这种思想，将权利、欲求、义务区分开来是一种很有效的方法。特别是当自己因为欲求未获得满足而暴躁不安时更是有效。同时，这三种概念很多人都会将其搞混，所以，希望你有时间的时候可以将它们梳理一遍。

◎ 对应矩阵图

至于区分这些概念的具体方法，可以参照下一页的矩阵图，把自己和对方的权利、欲求、义务一一列举出来。例如，小节开头的漫画中，"自己想什么时候睡觉"就肯定是属于妻子的"权利"。

另外，"自己回家时妻子还醒着在等自己"就属于丈夫的"欲求"。然而，丈夫自己却把这当作妻子应尽的"义务"，因此才会有了吵架的一幕。

然而，丈夫本身具有将自己"回来的时候希望你可以醒着在家等我"这样的欲求传达给妻子的"权利"。所以只要丈夫可以像这样"我们这样每天都见不到面的，希望你偶尔能够醒着在家等我下班啊"对妻子好言相劝，那就不会发展到吵得不可开交的地步。

只要自己能够养成区分权利、欲求、义务的好习惯，那么和周围人的人际关系也一定可以变得更加和谐，生气的次数也就大大减少了。

以自我为中心的思想示例

项目	自己（丈夫）	对方（妻子）
权利	告诉妻子自己回家之前等着自己	想睡觉的时候就睡觉
欲求	如果自己加班希望妻子可以在家醒着等自己	以自己的安排去决定什么时候睡觉
义务	身为妻子就应该在丈夫回家之前都醒着等待	在孩子睡觉之前都要醒着

尝试一下吧 站在自己和对方的角度，梳理一下权利、欲求和义务吧。

心态

10 审视自我准则，矫正扭曲的核心价值观

提问 与他人想法发生分歧时应该如何应对？

> 分清楚"自我准则"与"世间常识"可以有效防止麻烦的产生

◉ "自我准则"与"世间常识"并非总是一致的

类似"应该""不应该"怎么做的这种思想的核心价值观（请参照第060页），也可以被称为自我准则。在这一小节笔者要说的重点是："自我准则"并不一定是"世界常识"。

如果将二者混为一谈，那就极易引起麻烦。例如，下面这个问题：

"你认为人应该遵守约定好的时间吗？"

绝大部分人的答案应该都是肯定的。然而如果将问题继续下去：

"如果约定的是10点集合，那你认为应该几点到达指定场所呢？"

大家的意见大概就开始产生分歧了。有些人觉得应该提前20分钟、15分钟或者10分钟，而有些人则认为只要保证不迟到，哪怕踩着点去也没有关系。

如果认为应该提前10分钟到场的人，觉得"踩着点来的人不守时"而暴躁难安，那就可以说这个人是因为自我准则而愤怒。

可以说，人们对于约定时间在认识上的分歧，是世界常识和自我准则互相违背的最典型的例子了。

不要被自我准则所控制

有一些你自己以为的"世界常识"，有可能只在你所认知的那个狭小的世界中通用。对于之前举的那个约定时间的例子，甚至在有一部分人的认知中，"到了约定的时间之后从家里出门才是正常的"。

"家里理所当然应该有电视""如今这个时代，所有人都在玩微博""人就应该在20岁左右结婚"等。相信大家一定都有过被人强加规则于自身的不快经历。

"世界常识"和"自我准则"是极易混淆的两个概念。自己也有可能会向别人施加自己的"自我准则"。

新婚夫妇之所以容易就每个月洗几次床单的事情吵架，很大程度上双方也是受到了原生家庭的影响。不仅如此，跳槽去其他公司时对该公司的工作方法感到疑惑、去国外时对当地的风土人情、习惯感到惊讶也是这个道理。

你有没有把"自我准则"和"世界常识"混为一谈？

- 这不是常识吗
- 大家不都一样吗
- 这不是很正常吗
- 这明明是毫无疑问的事情

⬇

重新审视"自我准则"

- 并非所有人都拥有同一个价值观
- 世上有着各种各样的文化
- 也有其他的做法
- 并不一定所有事情都是这样的

尝试一下吧 将自我准则强加给别人的事情不要做。

一点小建议 3

愤怒是人类所必备的情感

愤怒是防御情感

愤怒这种情感是为了保护自己而生的。只要自己感到危险正在迫近，就会感觉到愤怒。因此，愤怒被人们称为防御情感。

如果没有愤怒情感

如果没有愤怒那将会变得十分危险

历史上，有一位英国女性曾经因为手术切除了大脑的一部分组织，导致她丧失了愤怒的情感。此后，她完全丧失了对危险的判断力，经常发生被狗咬、被车撞、从楼上摔到楼下等事故。

愤怒是保护自己所必备的一种情感

第3章

成为不无谓生气的人所必备的 10 个心态　总结

- [ ] 面对隐藏在愤怒背后的"其他负面情绪"　第 081 页
- [ ] 舍弃完美主义　第 087 页
- [ ] 接受生气的自己　第 091 页
- [ ] 换一个角度积极看待问题　第 094 页
- [ ] 使用直角坐标轴去梳理愤怒　第 098 页
- [ ] 不要去管其他人对自己的评价　第 102 页
- [ ] 化愤怒为成长的力量　第 107 页
- [ ] 不要过度期待他人　第 110 页
- [ ] 分清权利、欲求、义务　第 114 页
- [ ] 重新审视自我准则　第 118 页

第4章

高明的生气方法的
7大准则

生气不是一种禁忌

必要时生气也很重要

无谓的生气不仅会让自己受苦,还是导致人际关系恶化的原因之一。那么,是不是所有的愤怒都是无用的呢,并非如此。

在自己被人强塞了一些自己不想做的事,或者被人说了一些让自己受伤的话时,如果还要强行约束自己,告诉自己"不能生气",有可能可以暂时避免你和对方的关系出现裂痕,但必定会导致自己伤心难过。因此,从这种角度上来看,愤怒其实是一种为了保护自己所产生的情感。必要时生气也很重要。

生气时的要点是要高明地生气。高明的生气方法,是向对方传达自己的需求——既不是指责对方,也不是让自己宣泄愤怒。

生气会让自己和周围的人都感到疲惫。如果能够不生气就解决问题,当然是再好不过的。然而,在生活中必定会碰到让人不得不生气的场景。

万一真的发生那种事情,请一定要记住:严禁发泄愤怒的情绪。当你碰到认为自己"生气比较好"的场景时,一定要铭记"将自己的需求传达给对方"这件事,然后去思考应该说什么话,应该要如何传达给对方。如此一来,你一定可以从"只有自己吃亏""不管说几次对方都不明白"的烦恼中解脱出来。

高明的生气方法的 7 大准则

- 明确表达自己的需求 第 127 页
- 表达时以"我"为主语 第 131 页
- 感到愤怒时要当场表达出来 第 135 页
- 准确表达从放弃用程度副词开始 第 139 页
- 比起原因不如听一听未来的对策 第 143 页
- 缓慢且轻声说话 第 147 页
- 将准则贯彻到底 第 151 页

01 明确表达自己的需求

7大准则

> 提问：为什么结果会因人而异？

不要发泄愤怒情绪而要具体传达自己的需求

◉ 直面隐藏在愤怒情绪背后的初始情绪

一般来说，像那种不知不觉就开始发泄自身愤怒情绪的人，在大多数情况下，都无法认清自身的初始情绪（请参照第082页）。如果无法直面隐藏在愤怒情绪背后的初始情绪，那就会连自己都不知道自己想要什么，更别提把需求传达给对方了。

例如，现在假设你在某家店里购买的商品发生了故障。即使自己一直控诉店家"要怎么赔偿自己遭受的损失"，也不会有任何收获。

而事实上，自己到底是不是因为遭受了损失所以才生气的呢？只要能够直面生气的初始情绪就会发现，原因并非如此。自然而然就会发现，自己生气的真正原因其实是"购买的商品无法使用"。

如此一来，只要自己能够提出类似"希望店家修理""希望店家更换商品"等具体的建议或意见，那么问题就会迎刃而解了。简单明确地传达自身的需求，可以让双方都心情愉快地一起积极地解决问题。

⊙ 不要对对方的性格、能力、人格感到生气

除此之外，想要做到更加高明地生气，还有一个必备条件就是要学会"让需求更容易被接受的说话方式"。为了学会这一点，必须要知道，对于什么内容可以生气，什么内容不能生气。

可以生气的内容包括事实、行动和结果。例如，对于不遵守门禁时间的孩子，可以先告诉他（她）"门禁时间之前没有回家（事实）""回家晚了没有联系家里（行动）""自己担心孩子是不是在外面发生了什么事情（结果）"这些事情，然后再去传达自身具体的需求。

不能生气的内容包括性格、能力和人格。严禁对孩子说类似"不遵守门禁时间是一种不检点的行为"等话语。因为这种话针对的对象是孩子的性格。

有一句很符合这个内容的谚语叫作"恨其罪而不恨其人"。性格、能力、人格，是一个人与生俱来的东西，不可随意否定践踏。因此，请大家今后只对事情发生的事实、行动、结果发表自己的意见。

高明地传达自身怒火的 4 个步骤

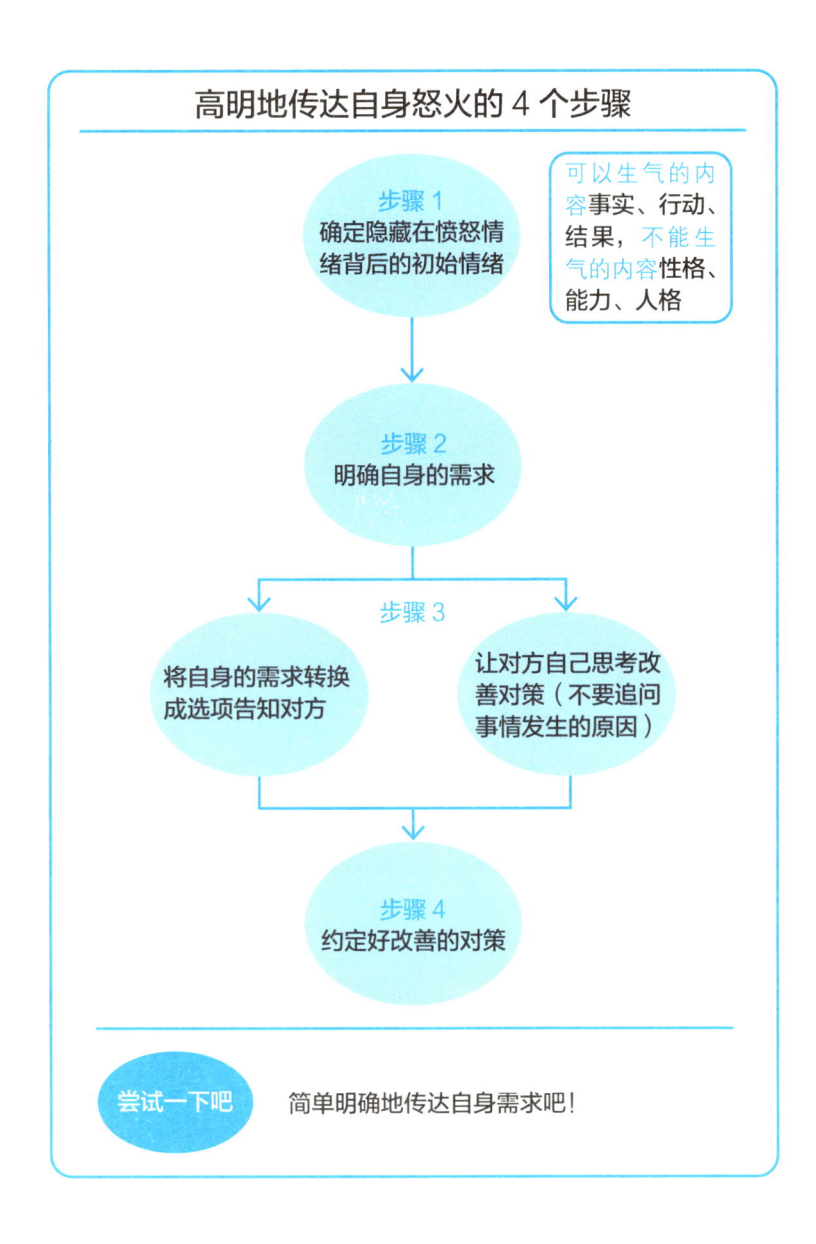

步骤 1
确定隐藏在愤怒情绪背后的初始情绪

> 可以生气的内容**事实、行动、结果**，不能生气的内容**性格、能力、人格**

步骤 2
明确自身的需求

步骤 3

将自身的需求转换成选项告知对方

让对方自己思考改善对策（不要追问事情发生的原因）

步骤 4
约定好改善的对策

尝试一下吧 简单明确地传达自身需求吧！

7大准则之 02

表达时以"我"为主语

提问 —— 有没有不伤害对方的生气方法呢?

> 以我为主语和对方沟通时，对方会更容易接受

⦿ 沟通的4种类型

传达愤怒，说到底是为了让对方认真听取自己的需求。换句话说，生气的主要目的是向对方传达自身的需求（请参照第128页）。

此外，传达愤怒还有一个次要目的，就是让对方理解自身的情绪。在上一小节举的门禁时间的例子中，妈妈想要向孩子传达的次要目的就是告诉孩子自己"因为担心而觉得很不安"。如果能够分清楚主要目的和次要目的，那么向对方传达"很担心对方"这件事也并非一件坏事。

愤怒管理学中，一般将沟通分为4种类型。

1.攻击型

这是一种具有攻击性、指责他人型的沟通方式。使用强硬的手段和姿态将自己的想法传达给他人。

2.被动型

不主动、被动接受型。这种类型的人容易郁结怒火。

3.被动·攻击型

表里不一型。表面上看上去遵从对方，然而内心却反对。

4.自信型

尊重自己和对方，具体传达自身需求型。

使用 I message（我句子）去解决问题

上述4种类型中，类型4的自信型沟通方式是最高明且有效的传达愤怒的方式。

实践自信型沟通方式的关键，就在于熟练使用I message（我句子）。也就是"以I（我）为主语和对方沟通的方法"。

"妈妈很担心你"，像这样以自己为主语和对方沟通时，对方就更能接受你要表达的事情。因为你说的话语中，并未提及对方的问题，而是仅仅传达了自己的问题。

"你根本不懂妈妈的心情"，像这种话就属于"you message（你句子）"。如果说话时以"你"为主语，那么就有可能会给对方带来一种"被指责"的感觉，由此触发对方的逆反心理，最终甚至可能导致对方拒绝和自己沟通的最坏结果。

因此，大家今后在解决问题的时候，如果可以做到尽量用"I message（我句子）"代替"you message（你句子）"，那么问题的解决也一定会变得简单许多。

"You（你）为主语"

✗ "You（你）为主语"

> 你作为上班族的自觉性太低了

让对方感受到"被指责"

○ "I（我）为主语"

> 你不提交的话我会很为难的

对方更容易接受自己的需求

尝试一下吧 用"you message（你句子）"和对方沟通时只会起到反作用。

7大准则之 03

感到愤怒时要当场表达出来

提问：为什么会因为以前的琐事闹别扭？

> 翻旧账无法向对方传达自己想说的话

◉ 不要翻旧账

在向对方表达愤怒时，有一些话是不可以说的，如"上次就是这样""我都说了那么多遍了"等翻旧账的话语。

"我以前不是跟你说过了吗，衣服脱了就立马放到洗衣篮里。"

大家是不是也曾经说过类似上面那样的话呢？虽然生气的一方会把眼前发生的事情和过去发生的事情联系起来，但被生气的一方往往不明白眼前的事情和过去发生的事情之间有什么共同点。

如果对方不明白你为什么会因为过去的事情而愤怒，那必然会让对方觉得"为什么到现在才把这个事情拿出来说"，而增加对你的不信任。

昨天、1年前、10年前等，如果要追溯以前的事情那一定会没完没了。如果是夫妻间吵架，只会让对方觉得"你是个只会翻旧账的人""那你当初不要跟我结婚不就好了"等，导致自己想说的话无法完整传达给对方。

生气的原则是"感到愤怒时要当场表达出来"。如果当场没有表达愤怒,那么只要在下一次同样事情发生的时候再表达就好了。千万不要借着怒火的狂潮重提过去的种种琐事。

⊙ "总是""绝对""一定"是禁忌词语

除了翻旧账以外,"总是""绝对""一定"等也是禁忌词语。

"你怎么总是把东西乱扔啊。"

这种话经常会不自觉就从口中说出来,然而对方也未必真的"总是"这样做。被生气的一方极有可能会想"我之前明明就帮忙收拾了啊",因此产生逆反心理。因为自己不自觉说的这些话,会让对方觉得"你这个人平时根本没有注意我做的事""明明干活了却得不到表扬"。

此外,翻旧账时也很容易脱口而出"总是""绝对"这类词语。这是因为生气一方想要强调自己十分生气,并且强调自己才是正确的一方。所以不自觉就会选择这些修饰语用作强调。

然而,一旦"因为一些没有关联的事情被抱怨",使被生气的一方产生不被信任的感觉之后,自己的需求就再也难以传达给对方了。因此,为了不让矛盾转移且升级,在沟通的时候请不要强调以前生气的事。沟通时应该选择对方能冷静听他人说话的时机,说话的方式也十分重要。

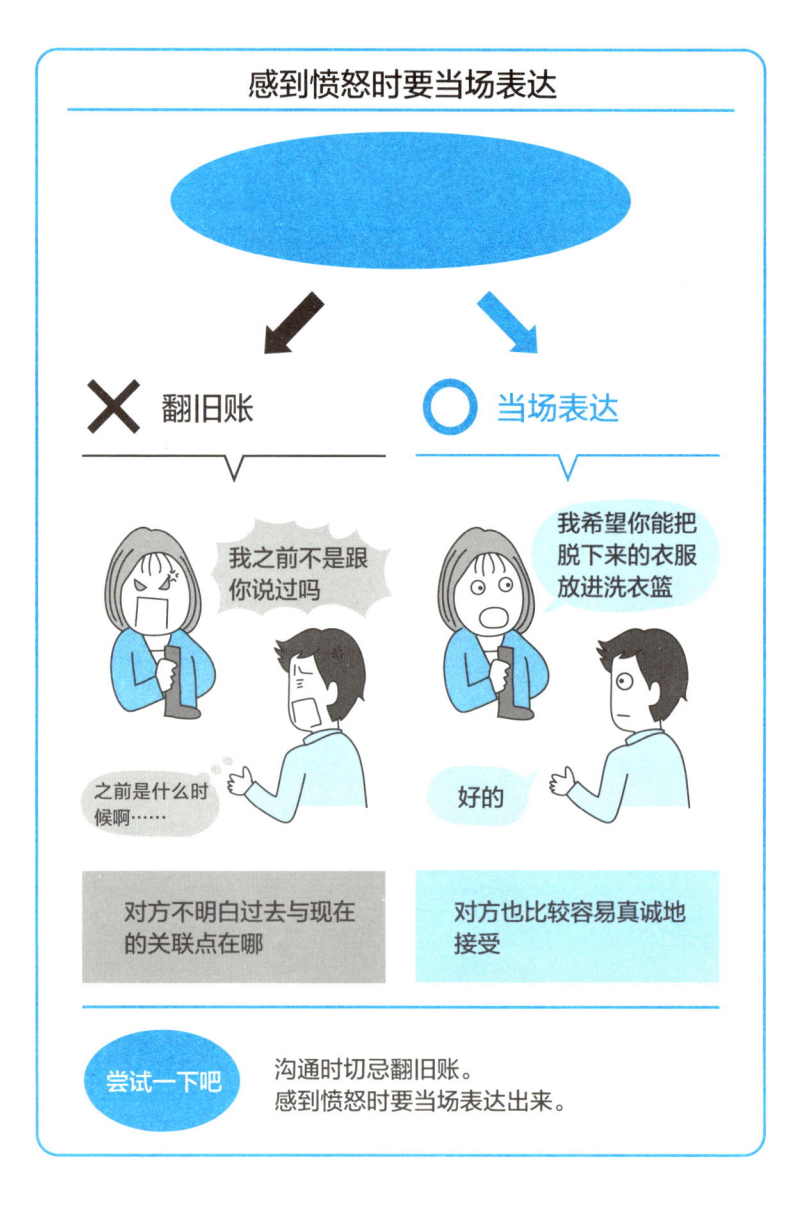

感到愤怒时要当场表达

✗ 翻旧账

我之前不是跟你说过吗

之前是什么时候啊……

对方不明白过去与现在的关联点在哪

○ 当场表达

我希望你能把脱下来的衣服放进洗衣篮

好的

对方也比较容易真诚地接受

尝试一下吧

沟通时切忌翻旧账。
感到愤怒时要当场表达出来。

7大准则之 04

准确表达从放弃使用程度副词开始

> 喂,这上面怎么还有错字、漏字啊!我不是跟你说了要把文件仔细整理好吗?

> 如果要让我检查错字、漏字的话,当时直接告诉我不就好了嘛……

> 好的,我知道了。

> 把这份文件仔细整理好之后好好地按照人数一人复印一份。

> 对不起……

> 点头点头

几天后

> 这复印的资料怎么只有5份啊,明天的会议可是一共有6个人出席啊!

> 1、2、3…

> 一把抢过

> 如果需要6份的话,直接告诉我复印6份不就好了嘛……

> 对不起……

提问 为什么指示总是传达不到位呢?

程度副词往往是误会产生的原因

◉ 程度副词会引发误会

在我们日常说的话语中经常有许多程度副词。"仔细地""好好地""整齐地""紧凑地""更加""尽可能快""马上"等，列举出来简直无穷无尽。

然而，在这里我要说的是，在愤怒的时候千万不要使用程度副词。

"把这个好好确认一下。"

"我确认完毕了。"

"这里不是还有错误吗？我不是告诉你要好好确认了吗！"

上面这番对话相信大家一定不会陌生，甚至或多或少都经历过。类似这种事情，都可以被称为由于"好好地"等程度副词引发的误会。

当被问到"仔细做好了吗"时，一般来说对方只能回答"仔细做好了"。如果双方对于"仔细"的标准不同，那么你想说的事情必然无法准确地传达给对方。

为了避免误会的产生，可以尽量用6W3H（何时、何地、何人、对谁、何事、何因、怎么做、多少数量、多少价格）的方式将内容具体传达给对方。

⦿ 避免使用夸张的表达

还有一个重要的注意事项，是要避免使用夸张的表达。例如：

"为什么就只有我是这样啊？"

"一切都完了。"

人总是会在不经意间说出这类话语。这样会让对方产生一种被责怪的感觉。

大体来讲，夸张的表现都是与事实背道而驰的。真的就"只有我"的可能性微乎其微，"一切都完了"这种状况也一般很少发生。我们平时应该尽量避免使用这种夸张的方式去表达自身失望的情绪。

想要高明地传达自身的想法、明确地表达自身的期望并非一件易事。因此，人们通常都会在不知不觉中偷懒，逐渐使用一些程度副词来夸张地表达自己的想法。

然而，正是这种偷懒，可能就会产生误会，最终导致自己的需求无法被准确传达。因此，希望大家今后不要怕麻烦，与人沟通时要保持亲切的态度。

传达需求时使用 6W3H

6W	3H
When 何时	How to 怎么做
Where 何地	How many 多少数量
Who 何人	How much 多少价格
Whom 对谁	
What 何事	
Why 何因	

尝试一下吧 熟练使用 6W3H 准确地传达自身的需求吧！

7大准则之 **05**

比起原因不如听一听未来的对策

解决问题的第一步是查明事发的原因吗?

追问"为什么"会让对方感到自己被指责

◉ 与其抓住过去的理由不放,倒不如放眼未来

不知道大家有没有见过这种场景:上司指责销售成绩迟迟不见提升的部下"你这个月的销售成绩为什么不行"。这一小节我要说的是:请不要追问失败对象"为什么"。

因为追问"为什么"会让对方感到自己被指责。这与指责对方的能力或人格的行为大同小异,会给对方带来一种压迫感。并且,责问方本人也容易一直盯着对方的错误不放,最终导致自己怒火丛生,无法保持冷静。

在公司,上司和下属的工作经验不同,是否适合这份工作也因人而异。因此,有一些对于上司来说可能很简单的事情,对于下属来说却十分困难。站在上司的角度,一味地追问理由没有任何好处。

重要的不是回顾过去,而是要展望未来。不要抓住对方过去没有成功的理由不放,而应该就未来发问:"要怎么做才能成功呢"。

把选择的权力交给对方,这样对方就会自己去思考答案了。因此，在教育下属的时候，不妨试试让下属自己思考一下如何具体地防止今后犯错的一些方案。

⊙ 传达需求时告诉对方"从下次开始"

虽然尽可能希望对方可以自发思考今后的改善方案，但如果自己有一些十分想要让对方遵守的需求，那么请一定要注意传达的方式。

严禁就过去发生的事情指责对方，使用"从下次开始"的话语，向对方提出面向未来的需求。并且，还要加上为什么一定要让对方那样做的理由。

例如，遇到"从下次开始，如果犯错了，我希望你可以先向我报告"这种情况时，不妨顺便把"如果我能在第一时间内知道犯错的内容，就可以在事情恶化之前提前做好处理"这样的理由也告诉对方。对方理解了迅速向上级报告的重要性之后，改善起来也就水到渠成了。

不管再怎么感叹过去发生的事情，事实也不会因此而发生任何改变。沟通时如果能够积极面向未来，不但可以取得更好的结果，愤怒的情绪也会在不知不觉中消散。

听听对方具体的改善方法

当下属在工作中出错时

禁忌话语

为什么你连这么简单的事情都办不好啊

对于已经发生的事情，即使再怎么指责对方也于事无补

高明的愤怒方法

你自己想一想，为了以后不再犯同样的错误应该要怎么做呢

下属会自发地去思考具体的改善方法

尝试一下吧　不要抓住过去不放，要面向未来。

7大准则之 06

缓慢且轻声讲话

提问： 被人同情的人与不被人同情的人到底有什么差别？

> 缓慢且低声说话会让自己的话语更加有说服力

◉ 迂回战略会让情况发生好转

即使对于同一件事，不同的人也会有不同的表达方法，这里的重点是要沉稳、礼貌地用语言表达。

传达自身愤怒情绪最主要的目的是改变现状，让对方理解自身的心情。因此，请一定不要忘记，重要的不是让对方改变自己的性格，而是要改变当前的状况。如果滋生怒火，一味地指责对方，对方也会随之变得强硬，想要改变现状则会变得难上加难。

这种情况就好像"北风和太阳的故事"一样。比起使用强硬的态度，使用让对方感到温暖的方法会更容易让现状好转。

因此，当你觉得心中怒火上涌的时候，请使用第1章介绍过的抑制冲动的技巧让自己恢复冷静。在这个基础上，再沉稳、礼貌地和对方沟通。

◉ 请使用缓慢且低沉的声音说话

人一旦情绪激动起来，语速就会不自觉得变快。然而，如果像机关枪一样滔滔不绝地说个没完，只会让对方变得越来越烦躁。

只有和对方进行冷静的交流，才能达到沟通的效果。所以，希望你可以有意识地放慢自己的语速。缓慢的语速会显得你十分镇静，同时也会赋予话语一定的说服力。

此外，人一旦感觉到愤怒，语调也会不自觉得变高。相信大家平时看电视时看到的记者招待会等场景，也不乏那种声嘶力竭说话的人吧。反之，有些人即使被问到一些棘手的问题，也能够稳住自己的情绪，用低沉的声音进行回答。

毋庸置疑，后者说的话更容易传达给大家。因此，当你感觉自己情绪激动时，请下意识地降低语调说话。这样发出来的声音，对对方来说刚刚好。不仅如此，交流时还需要注意自己的表情和态度。人一旦感到愤怒，喜恶之情立即就会溢于言表，有些人甚至容易抱着胳膊摆出一副高高在上的姿态。这种拒人于千里之外的态度，会让对方感到不愉快。

和对方说话时请真诚地看着对方的眼睛。请带着微笑的表情，温柔、缓慢地把双臂展开，注意自己的肢体语言。这样会让对方感觉自己仿佛被人包容、接纳，相信你们之间的对话也会进行得十分顺利。

沟通时不要感情用事

✗ 北风类型

- ✓ 不耐烦的表情
- ✓ 语速快
- ✓ 语调高
- ✓ 急躁的肢体语言

↓

对方会变得态度强硬，完全不听自己说的任何话

○ 太阳类型

- ✓ 微笑的表情
- ✓ 缓慢的说话方式
- ✓ 低沉的语调
- ✓ 温柔的肢体语言

↓

互相都心情舒畅，对话顺利进行

尝试一下吧 冷静自己的情绪，使用低沉的语调缓慢地进行对话吧。

7大准则之 07

将准则贯彻到底

"一天只能看一个小时电视哦!"

"知道了。"

几天后

暴躁 暴躁 暴躁

妈妈现在很暴躁……

想逃跑……

啊哈哈

"你们看电视要看到什么时候啊!"

"呃……可是我才看了30分钟啊……"

"吵死了!你不听妈妈的话了吗!"

"哼"

咚咚咚……

滴滴 滴滴

妈妈突然就发火了。

呜呜

妈妈经常喜怒无常,所以看到她心情不好的时候最好还是躲远点。

> **提问** 好像让人感觉自己喜怒无常了……

> 如果准则被自己打破，会让对方产生不信任感

◎ 打破自己准则的人难以获得他人的信赖

碰上自己不得不表达愤怒的情况，就必须要跟对方好好沟通。如果此时无法抑制情绪导致怒火喷发，那问题将无法得到解决。

特别是父母与孩子之间、上下级之间等双方有明显上下关系的场合，一旦被立场较弱的一方认为你"喜怒无常""易怒"，那么信赖关系也会因此分崩离析。

被人认为"易怒""喜怒无常"的最大原因，是你打破了自己的生气准则。一旦准则被打破，那对方就根本不知道你愤怒的基准到底在哪。

其实，那些让自己感到愤怒的事情，应该都是在自己核心价值观（请参照第060页）的界线"不允许"区域范围内的事情。虽说拓展自身愤怒的分界线，抑制发生愤怒的次数十分重要，但如果碰到自己不允许的底线，那还是应该果断地表达自己的愤怒。

举一个例子。假设公司的上级给下属定下了某些准则，如

"要打招呼""每天都要进行整理整顿""不许迟到"等。

如果下属没有遵守这些准则，那么即使被训斥了也无可厚非。然而，如果有时被训斥，有时又不被训斥，如此标准不一的做法，就会被人认为是"按自己的心情而生气的人"。

此外，因为某件事对某位下属生气，但同样的事情换了一个人又不生气的这种"因人而异的态度"也是一个道理。总之，生气的准则和态度都应该保持一贯性。

⊙ 重新审视准则，对态度保持一贯性

例如，如果有一项准则是"打招呼要这样打"，那么即使重复强调这件事也是可以的。这样虽然会让人认为你是一位"对于打招呼很严格的人"，但只要没有打破准则，那你在他人的眼中就是一位很有原则的人。

此外，对于核心价值观的分界线中"勉强允许"区域的事情，也不妨用一种宽容的态度去对待。这样会让人对你抱有一种"虽然对打招呼等礼仪很严格，但是偶尔会宽恕别人犯的错误"等亲切感。通过这样的事情可以起到让人遵守其他准则的效果。

当自己处于上级立场、强势立场，传达自身愤怒时一定要格外注意。请再次重新审视自己的准则，千万不要打破。

对自己说过的话保持一贯性

⭕ 准则和态度都应该保持一贯性

放假的时候可以看 1 小时哦

工作日每天只能看 30 分钟电视

零食在下午 2~4 点可以随便吃

让人信任的人

√ 反复传达正确的事情

√ 对于准则之外的事情宽容对待

❌ 规则被打破

让人不信任的人

√ 说的话因人而异

√ 生气的准则一变再变

尝试一下吧 重复重要的事情,切勿打破自身的准则。

一点小建议 4

恋人约会迟到时高明的生气方法

禁忌话语

> 居然还会迟到，你其实一点都不想跟我约会吧？

这只是自己先入为主的想法。以自身的情绪为基础随意做决断。
对方说不定碰上了什么人力不可抗拒的事情。

高明的生气方法

> 我想和你一起享受更长的约会时光，所以希望你下次可以准时赴约哦！

将你原本愤怒的情绪转变成了享受约会时光的愉快心情。
通过传达自身的情绪，让对方从下次起准时赴约吧。

第4章

高明的生气方法的 7 大准则　总结

- [ ] 明确表达自己的需求　　　　　　　第 128 页

- [ ] 沟通时尽量使用以"我"为主语的 I message（我句子）　第 132 页

- [ ] 不要翻旧账　　　　　　　　　　　第 136 页

- [ ] 不要使用程度副词，沟通时以 6W3H 的原则具体传达　第 140 页

- [ ] 着重要求未来的改善对策　　　　　第 144 页

- [ ] 用低沉的音调缓慢说话　　　　　　第 148 页

- [ ] 不要说前后不一的话　　　　　　　第 152 页

附录

实际生活中经常
能够用得上的
愤怒管理技巧

> **实践 0** 愤怒管理如果不付诸实践,那将没有任何意义

⊙ 学习"管理愤怒"

"我们并不只是教他们愤怒管理,而且还教他们如何去管理愤怒。"——这是笔者经常对日本愤怒管理协会会员们强调的一件事情。如果是面向读者们,这句话可以稍微改成下面这句话:

"本书不是教你学习愤怒管理的书,而是教你学习如何去管理愤怒的书。"

笔者之所以要反复说这件事,是因为笔者要强调"学习愤怒管理是为了让你的人生过得更好"。

脑海中关于愤怒管理的知识再多,如果不付诸实践,那最终也无法将你的人生指引到更加快乐的道路上去。因此,仅仅学习理论知识没有任何意义。

如果学习了理论知识而不付诸实践,那还不如从一开始就不要学习愤怒管理的理论,找到身边时常可以保持冷静、淡定地生活的人,直接学习那个人平时的做法,可能会让你更快找到踏上幸福的道路。即使理论和技巧有时并非完全准确,但

为了让自己不陷入愤怒的黑洞而做出的努力和实践才是最重要的。

◉ 对于认真学习的人来说是一个陷阱

有些人一开始学习愤怒管理的时候，容易陷入学习理论中，而忘记实践出真知的道理。明明是为了让自己过上快乐的人生才学习的"手段"，但在不知不觉中仿佛学习知识变成了最终"目的"。

极端地说，比起"正确的理论""技巧"，自己的那种"想要解决愤怒的姿态""想要和自己的情绪达成和解的姿态"更加重要。因此，不管多小的一件事，请从今天开始把"实践"进行到底。

在本书的附录中，笔者以"实际生活中经常能够用得上的愤怒管理技巧"为题，会为大家介绍各种场面的实践方法和应对诀窍。希望大家当自己感觉到愤怒，或者被他人的愤怒所波及时可以当作实践方法的参考。

实践 1　选择不在公共场合引起纠纷的选项

⊙ 不要用正义感去裁定他人

不知道大家有没有见过这种场景：在上班的公交车里，乘客之间互相吵架，或者向售票员喋喋不休地说一些不讲理的话等。这种时候要怎么应对才是正确的呢？应该要鼓起勇气挺身而出去判断乘客之间的对错，纠正那些不讲理的话语吗？

站在愤怒管理的角度上来说，即使自己再怎么具有正义感，让自己卷入突发的麻烦这种事是最应该要避免的。

具有正义感是一件好事，但过强的正义感极易导致愤怒的情绪失去控制。正义感强烈的人，即使在公交车上看到有些人稍微违反道德都不会善罢甘休。甚至可能会因一直盯着对方看，导致自己暴躁难耐。

然而，如果看会导致自己暴躁难耐，那还有一种选择就是不去看。如果控制不住自己一定会去看，那么远离那个场所也是一个不错的方法。

愤怒管理的基本原则是贯彻自我责任。自我责任的意思，就是"自己的所有情绪都由自己决定"。如果自己对那些违反道德、不讲理的投诉等事情会感到不愉快，会唤起自己内心强烈的正义感，那就努力让自己不要去看，不要去在意，这也是一种控制情绪的重要能力。

⦿ 逃避并不是认输

当自己被卷入麻烦中时应该怎么做呢？接下来就给大家举例说明。例如，当你被擦肩而过的人撞到肩膀后，还被对方怒吼"你没长眼睛啊"。

这种时候，即使自己没有做错，也请务必要主动道歉。如果这个时候你不道歉，或者道歉之后感到内心一阵烦躁等，都是因为对输赢过于执着了。

你是不是会觉得：明明自己没有做错，如果道歉或者逃避了，那就等于自己"认输"了？然而，对于这种麻烦是没有输赢一说的。就算你道歉之后就离开，也不会让你的个人价值有任何的贬值。

只要把自己从输赢的思维方式中解脱出来，人生将会变得更加轻松。用一种可能容易引起误解的话来说就是，"远离公共场所的麻烦"。

实践 2 不要成为路怒的加害者或被害者

⊙ 驾驶车辆时,人的情绪容易变得暴躁

2017年6月,东名高速的超车道上发生一起悲惨的事件。这起事件是由于加害者一方反复用挑衅驾驶的方式妨碍被害者驾驶,最后甚至将被害者的车辆逼停在高速车道上,最终导致被害者被后方行驶而来的大型货车追尾。这起事件的最终结果,以被害者一方的一对夫妻永远离开人世而告终。

如同此次事件一般,在驾驶车辆过程中因为某种原因导致自己的情绪暴躁难安,最终对他人采取过激的报复行动的这种行为,称为路怒症。据报道,上述事件的起因,竟是因为在高速公路休息区的停车场,双方因为停车方法发生了口角,加害者对此怀恨在心,最后在高速道路上采取了那样的报复手段。

愤怒管理学于20世纪70年代诞生于美国,在当时的美国,路怒症已然发展成了一个严峻的社会问题。

至于为什么人一开车就容易引发问题,那是因为当人在

驾驶车辆时，车辆这个工具所拥有的力量会让人产生自己很强大的错觉，因此，会导致人的情绪容易变得暴躁。

另一个原因就是，人在车这样一个私人的空间里，比较容易暴露自己的本性。

◉ 既不要变成被害者，也不要变成加害者

希望大家即使在开车时被人挑衅驾驶，也一定不要搭理对方。原则上，这时候的正确做法是"逃跑"。不管使用什么方法，重要的是一定要赶紧远离对方。

另外，请大家考虑一下，自己是否有可能变成路怒症的加害者一方。事实上，有很大一部分人都存在这种可能性。

据日本愤怒管理协会的调查结果显示，90%以上的人曾经在开车的过程中有过暴躁难安的经历。并且，60%以上的人具有危险驾驶的潜在可能性。

可能有些人会想"我是不可能作为加害者去害别人的"。可是，在开车过程中，抑制不住自己的愤怒，在不知不觉中就变成了加害者的人出乎意料的多。

因此，希望大家今后在开车的时候，为了防止自己的情绪变得暴躁难安，不妨实践一下本书第1章为大家介绍的各种对策：事先准备好一些自我暗示的话语（请参照第026页）、

事先把握好自己愤怒的基准（请参照第018页），或者事先在车内放一些家人的照片等。

实践3 与网络社交保持适当距离，甚至不妨戒掉

◎ 普通的上班族在网上可能会大变样

在互联网公告栏或者SNS（社交网络服务）上，经常会出现"炎上"的现象。"炎上"的意思是针对博主上传的某个内容，在短时间内收到很多阅读者对其发表意见的现象。这些意见中反对声音或谴责占绝大多数，有时有还因评论数量太多导致不得不停止使用博客。反对声音或者谴责，在有些人的脑海里可能是正面的形象，然而，实际上的这些评论大多是脏话连篇，不堪入目。

据调查结果显示，在网上留下这种充满恶意的评论的人，大多是30岁左右的普通商务人士。这些普通的上班族在生活中并不起眼，乍一看完全不像是恶人，但是在网上却像是换了一种人格一样。

可能有些人会认为"因为是匿名公告栏所以他们才会这样乱写"，但其实在那种需要登录实际公司名和自己真正名字的SNS上，这种脏话连篇的情况也同样十分普遍。

⊙ 被愤怒迷失了双眼之后会变得没有时间观念

之所以会产生这种现象，是因为在互联网空间，人与人之间的距离感会被无限缩小。人一旦没有了距离感和时间观念，必然会做出一些违反常理的行为。

就好像即使是结婚超过40年的70岁左右的老夫老妻，40年前丈夫出轨的事情也经常会被拿出来当作夫妻吵架的论据。可见人一旦因为某种原因被愤怒迷失双眼之后，就会丧失时间观念，40年前发生的事情仿佛变成了昨天发生的事情。

同样的，互联网还会让人与人之间丧失距离感。20年以前，能在电视上演节目的人对于普通民众来讲简直就是云端上的存在一般。对于那些遥远的人物，人们内心都会抱有距离感。然而，现在在SNS上面，轻易就可以和一些名人对话，这样的结果导致有一部分网民开始随意地写下脏话或者谴责的评论。

受害者不仅限于名人。有时甚至朋友的SNS上面也有可能会被写上自己的坏话，或者自己写的文章被其他人拿去恶意使用等。

如果你对这些事情感到厌烦，那我建议你及时和SNS保持距离。就笔者个人而言，从来不会回复任何自己在SNS上认识的人发的信息。戒掉SNS也不失为一种好办法。因为没有必要去接近令自己感到不愉快的信息。不管别人在网上写了什么，只要你不去看，那这些对你来说都相当于不存在。

> **实践 4** 不要成为职权暴力的施加方或被施加方

⊙ 观察喜怒无常的上司

如果在自己工作的职场,有那种会突然发脾气的人,那必然是一件很麻烦的事,而如果那个人正好是自己的上司,那更是会让人抓狂。当对方表现出暴躁难安的态度,或者突然大声怒吼时,不知道要如何应对也是人之常情。这种情况一定会给人带来无比大的压力。

想要和这类人友好相处下去,先要学会仔细观察对方。观察的目的,是要去主动掌握对方的核心价值观(请参照第60页)。只要能够找到蛛丝马迹,类似"这个人为什么会对这个词语反应如此巨大""这个人每周四的上午都会发脾气"等,那就有办法对症下药。只要能够掌握对方的"应该",那就可以尽可能地避免"触雷"。

同样的,如果有办法能够不让那个人的心情变坏,那么不妨试着去重复使用那种方法。"那两个人在一起经常容易发生口角,但是如果有小A在,他(她)可以起到缓冲剂的作用",在尝试过程中,说不定就可以像这样找到相应的解决办法。

如果对方是那种喜欢自己打破准则（请参照第152页）的人，那就请你一定要尽可能巧妙地招架过去。愤怒管理学，在武道的角度上就相当于是合气道。并非自己主动进攻，而是要让对方先出招，自己再根据招式作相应的调整去招架。

◉ 掌握职权暴力的相关知识

最近，职场的职权暴力成了严重的问题。笔者作为委员也参加了日本厚生劳动省举办的防止职权暴力研讨会，因此我深刻地感受到职场职权暴力日益严重的现状。

虽说如此，但事实上对于职权暴力的判定是十分困难的——不知道怎样的言行才算是职权暴力。肢体暴力等行为暂且不谈，精神暴力的判定只能根据具体案例进行判定。由此可见，职权暴力的定义过于模糊不清。

实际上，根据愤怒管理协会所做过的问卷调查结果显示，职权暴力的施加方很清楚认识到自己进行了职权暴力的案例占全体的16.7%。相反，被施加方清楚认识到的案例则占全体的53.8%。二者相差3倍多。这个结果也显示了职权暴力难以进行判定的特性。

正因如此，了解什么行为是职权暴力，什么行为不是职权暴力，是为了让自己不要成为职权暴力的施加方或被施加方的实践的第一步。

实践 5　对于难缠的投诉者应当明确划分界限

⊙ 投诉的 3 种类型

有许多人都对如何应对投诉这件事感到头疼，原因就是有许多投诉者他们自己都弄不清楚自己到底想要说什么，弄不懂自己的诉求到底是什么。

例如，有些人可能只是想要发泄所以抱怨一通，到头来也商量不出个解决办法，会让人觉得"那到底想要怎么解决呢"，但仍束手无策。

我们不妨把投诉分类成以下3种类型，如此一来也方便我们去思考对策。

1.看情况型

就只是单纯想要投诉而已。并不是真心想要解决问题。

2.指责他人型

认为自己没有任何错误，一切责任都在他人，只要把对方逼入困境就会感到满足。

3.正常客户型

会适度让步，以积极的姿态解决问题。

对付难缠的投诉者应该及时划清界限

你们认为这3种投诉中，最需要花费劳力去解决的是哪种类型呢？

正确答案是第3种，正常客户型。第1种看情况型和第2种指责他人型，其实都不太花费劳力。因为投诉者本人也不清楚自己"到底想怎么办""到底想要什么"。

应对投诉的基本流程，是先听投诉者把话讲完，然后对对方投诉这件事表示感谢。第1、第2种类型的投诉者，大多数情况下发泄一通基本上就满意了。应对投诉，最重要的是要站在投诉者的角度上，把握投诉者的第一诉求。所以，希望大家在应对的时候可以带着这种意识，尽可能地提一些具有建设性的办法解决问题。

如果真诚地再三应对还是无法让投诉者满意，那么最好的解决办法就是公司应该确定一个应对投诉的底线，投诉者如果超过这个底线就不必再浪费时间，直接放弃应对。

歌手三波春夫曾说过——"顾客就是上帝"。因此，有些难缠的投诉者就喜欢用"我是付了钱的，你们服务业不是总说顾客是上帝吗"这样的话来强词夺理。然而，三波先生的本意，是借此来表达自己对艺术事业的热爱之情，完全跟店铺、顾客或者客户没有任何关系。所以，请大家记住，顾客并非真的上帝，那些无理取闹的投诉者甚至不应被称作顾客，更别提是上帝了。

实践 6　努力学习并理解什么是健全的伙伴关系

◉ 男女之间容易形成宠溺关系

男女关系、夫妻关系的问题，是人际关系中最难处理的问题。

一方面女性感觉男性"只顾自己的感受""粗鲁"等，另一方面男性认为女性"爱发脾气""歇斯底里"等。像这样的关系很容易因为一些小摩擦就导致双方吵得不可开交。

与其他的人际关系相同，男女之间的意见分歧，也只能通过双方商量解决。然而，对于一些伙伴关系，尤其是夫妻来说，不仅双方之间容易形成宠溺关系，而且基本上都会对对方抱有"对方懂自己"的幻想。

"既然是伙伴，这些事情就算我不说，对方应该也能知道吧"，即使你心里对对方抱有这种幻想，但对方再怎么样毕竟也只是他人而不是自己，即使自己在对方心里的分量再重，也不代表对方就能完全理解自己。

有些人即使隐隐约约感觉到了"和对方欠缺交流""与对方默契不够"，也因为害怕承认这个事实而逃避与对方沟通。

请记住,"对方再怎么样也只是他人而不是自己。有许多事情不沟通是无法互相理解的。"越是对自己重要的人,就越应该注意多使用I message(我句子)(请参照第133页)等方法去交流、沟通,只有这样,才能和对方一起筑就更加良性的关系。

⊙ 避免道德骚扰的第一步,是要意识到这个行为的存在

使用不好的语言或者态度让伙伴受伤的行为被称为道德骚扰。道德骚扰最大的问题是,不管是加害者还是被害者,都意识不到"这种行为是道德骚扰"。有许多的例子,都是被害者一方自以为自己被加害者一方"所依赖",双方之间形成了一个共同依存的关系。

为了避免这种关系的出现,加害者一方和被害者一方都需要对"其他家庭里的夫妻关系是如何构建的""健全的伙伴关系是怎样一种状态"有一个客观的认识。如果你的周围也存在"虽然对对方很不满,但是自己被对方依赖着所以没办法"这样一种状态,那么,你需要站在客观的角度重新审视一下自己的生活了。

实践 7　把"自己的人生"和"孩子的人生"分割开来

◉ 孩子的人生不是父母的"第二次人生"

不管是老师、体育教练还是企业的管理者,如今都开始有了学习愤怒管理的趋势,本书介绍的各种技巧也被大家广泛运用于工作、生活当中。

当然,在养育孩子方面,愤怒管理学的知识也会发挥其应有的效果。但是,希望各位家长能够在此基础上思考一件事情,那就是关于"自己的人生"和"孩子的人生"。

人们之所以会不自觉地往孩子身上倾注无限的心血,有一部分原因,大概是不想让孩子经历(与自己同样的)失败。

在很多情况下,一提到孩子的事情家长就激动得不能自已,是因为家长们把自己的人生投射到了孩子身上,所以才会费尽心思让孩子尽可能地避免失败。这些家长大部分都会有这样的想法:如果是现在的我,那肯定不会再失败了,孩子的人生就是"我的第二次人生"。

相信全天下的父母都会希望"孩子能够过上比自己更加精彩、更加安定的人生"。然而,如果这种愿望上升到"希望孩子上××大学，希望孩子长大以后能够当……"，那就变质成为家长们的一己私欲了。这就是将自己的人生投射到孩子人生的一个典型的例子。

◉ 注意自己的感受，活出自己的精彩

我们无法预测20年以后的事情。

就算孩子上了一流的大学，进了大公司上班，也不能保证那家公司能够一直平稳经营到孩子退休的年纪。更何况不管是IT还是AI技术，如今科技的发展日新月异，将来的事情，谁也说不清楚。提前给孩子制订好未来的人生规划的行为，说是家长们的一己私欲丝毫不过分。

作为家长，应该教给孩子的并非"按照父母说的一样去生活"，而应该是"拥有不被他人左右的自己的价值观，要活出自己的精彩"。

当然，这绝非一件简单的事情。父母自己本身吃了无数的苦才获得了今天的成就，因此，父母可以通过告诉孩子"用自己的头脑去思考"的重要性，让孩子明白如何自己去思考，自己去给人生的各种事情做好排序——这就是笔者所认为的理想的教育。

从这个角度上看，告诉大家要勇敢直面隐藏在愤怒情绪背后的真实情绪的愤怒管理学，同时也在培养大家的思考能力。

后记

"调整好心态"
机会自会到来

◉ 年轻时易怒的自己

年轻时候的我,甚至连一个能够称为工作伙伴的人都没有。

我第一次在日本就职的公司,是一个类似个体店铺经营的聚集点的地方,所有同事都是我的竞争对手。在那种环境中,我曾经努力想要让自己在各种竞争中获胜。

工作有干劲是一件好事,但如果过于刻板,就会有"我是这个公司里最努力的人""其他人为什么不再多学点东西呢""他们为什么能够满足于那样差的成绩"这样的想法。

抱有这种想法的我,当然无法进行自己的愤怒管理(当时我甚至不知道这个概念的存在)。因此,我变得整天怒气冲冲,理所当然也就没有任何朋友。

后来,我跳槽到另外一家公司,成为了一项由公司社长直接管理的新兴事业的主管,这件事让我热血沸腾。然而,公司内的人却完全不配合我。因为,当时大家都认为"社长只是一时兴起花钱玩玩"。

再加上这个项目的主管是我——一个完全无法控制自己愤怒情绪的人。因此，当时公司内部每天闹得沸沸扬扬，完全没有人愿意配合我。

现在回想起来，一个公司里必然会有各种各样的人存在，因此，大家理所当然会抱着不同的价值观在工作。可当时的我完全容忍不了这一切，逐渐加固我自己"应该"和"不应该"的价值观，这让我更加易怒，对他人的容忍度也降到最低。

⊙ 把人生调成简单模式

说起年轻时候的我，每次玩游戏都一定会玩困难模式。生活和工作中，我基本上天天都在和周围的人竞争，因此自己的周围只有敌人没有朋友。这样的生活方式，让我的人生陷入深深的困境之中，原本应该很顺利的事情，却因遭受影响变得困难不已。

但自从我学习了愤怒管理之后，我的人生就发生了翻天覆地的变化。简单来说就是，我周围的"敌人"开始变得少之又少。从那以后，我在工作上也开始顺风顺水，也开始和各种人顺利地进行合作。

愤怒管理，会帮你把人生调成简单模式。就算被人说了什么不好听的话，自己也完全不用在意，听过就算了。竞争也会变少，完全可以利用宝贵的时间，去做自己想做的事情。

⊙ 工作能力 = 技能 + 人格魅力

我的父亲，如今虽年事已高，脾气温和了不少，但他年轻的时候也同样是一个暴躁易怒的人。我听和父亲同辈的老人讲，我父亲年轻的时候十分优秀，但就是因为脾气太暴躁了失去了很多机会，据说"如果他的性格能再好一些，那一定可以更加成功"。

然而，对于如今学习过愤怒管理学的我来说，我不得不说这个评价是有一些问题的。因为"如果他的性格能再好一些，那一定可以更加成功"这句话，岂不是和对那种性格好的人说"如果会工作的话，那一定可以更加成功"是一样的道理了。

毕竟，"工作能力"等于"工作的技能"加上"人格魅力"。仅仅拥有高超的处理工作的能力并不能被称为"会工作"。

而愤怒管理则可以帮你塑造强大的"人格魅力"。如果我父亲当年学习了愤怒管理的知识，那么说不定他现在会过着另一种完全不一样的人生。

借助愤怒管理，变成"运气好的人"

我最希望可以阅读本书的一类人，是那种"有很大的能力（潜力），但诸事不顺的人"。

学习愤怒管理学的知识，以计算机打比方就相当于升级操作系统。"销售很在行""很擅长与人交涉"等技能就相当于一个个的应用程序。只有操作系统的性能越高，应用程序才能发挥出其本来的价值。

如果一个人能够通过愤怒管理很好地控制自己的情绪，那么，这个人的心灵就会特别平静。如此一来，就会对周围的人怀有一颗感恩的心，也会因此更加重视人与人之间的关系，各种机会也会接踵而至。

有许多成功人士在回忆自己过去的时候会说"自己运气很好"，其实是因为这些人虽然并不一定掌握了愤怒管理的理论知识，但已经在不知不觉中踏上了实践的阶段，所以才会被幸运女神所青睐。

我在此衷心希望本书可以指引你的人生到一条光明大道上。

安藤俊介

2018年9月